彩图版

画说水电工技能

HUASHUO SHUIDIANGONG JINENG

乔长君　等编著

化学工业出版社
·北京·

图书在版编目（CIP）数据

画说水电工技能：彩图版/乔长君等编著. —北京：化学工业出版社，2016.3
ISBN 978-7-122-26319-3

Ⅰ.①画… Ⅱ.①乔… Ⅲ.①房屋建筑设备-给排水系统-图解②房屋建筑设备-电气设备-图解 Ⅳ.①TU821-64②TU85-64

中国版本图书馆CIP数据核字（2016）第032061号

责任编辑：高墨荣　　装帧设计：刘丽华
责任校对：王素芹

出版发行：化学工业出版社（北京市东城区青年湖南街13号 邮政编码100011）
印　　装：北京瑞禾彩色印刷有限公司
850mm × 1168mm　1/32　印张 6¾　字数 173 千字
2016年5月北京第1版第1次印刷

购书咨询：010-64518888（传真：010-64519686）
售后服务：010-64518899
网　　址：http://www.cip.com.cn
凡购买本书，如有缺损质量问题，本社销售中心负责调换。

定　　价：36.00元

随着国民经济的飞速发展，各行各业对水电工的需求越来越多。很多下岗再就业工人及进城农民工有意从事水电工工作，他们都希望能够尽快地学会水电工技术并掌握水电工基本操作技能。为了帮助初学者较快地胜任一般场合的水电工操作工作，我们根据水电工初学者的特点和要求，结合长期水电工一线的实践经验，编写了本书。

本书用大量彩色实景图片，用连环画的形式把基本知识与技能、给水排水施工、配电线路的安装、室内配线、照明与家用电器安装、电气安全共6个方面的内容清晰表现出来；用最简练的语言，把操作要点和注意事项精确表示出来。完整展现了水电工必备基本技能。本书内容起点低，注重实用，便于读者自学。

本书在编写模式上进行了较大的改革与尝试，具有以下特点。

1. 形式新。采用大量操作实例实景图片(一面四格)，步步图解，讲解简明清晰，读者可以边看边学边操作，步步模仿。

2. 实用。内容选取上以实用、够用为原则，每章内容相对独立，便于读者有选择性地进行学习与实践。

3. 可读性强。本书言简意赅，图（表）文并茂，读者能够在短时间内快速掌握水电工技能。

本书本着少而精的编写原则，突出技术实用性和通用性，在众多水电工技术书籍中独具特色。

本书适合于水电工初学者阅读，也可作为高职院校及中职学校相关专业师生的参考书，还可作为水电工上岗培训教材。

本书由乔长君组织编写，给排水部分由王岩柏、刘德忠编写，参加本书编写的还有赵亮、双喜、王岩、葛巨新、张城、郭建、朱家敏、于蕾、杨春林等。

由于编者水平有限，不足之处在所难免，敬请读者批评指正。

编著者

目录
contents

第4章 室内配线 115/

第1章

基本知识与技能

 常用工具

1.1.1 管道工常用工具的使用

（1）电动型材切割机

1）电动型材切割机外形

电动型材切割机由电动机、可转夹钳、增强树脂砂轮片和砂轮保护罩、操作手柄、电源开关及电源连接装置件等组成。

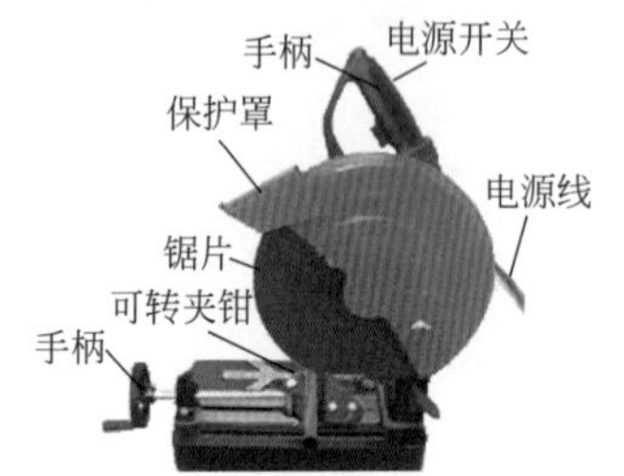

电动型材切割机外形

2）型材切割机的使用

① 拧开可转夹钳螺栓，根据需切割工件角度调整并紧固可转夹钳。

调整角度

② 将工件摆在可转夹钳钳口，放正放平，旋动手柄将工件夹紧。

工作夹紧

③ 穿戴好防护用品，按下电源开关并向下按手柄，即可切断工件。

切割

（2）手锯

1）手锯外形

手锯由锯弓和锯条两部分组成。通常的锯条规格为300mm，其他还有200mm、250mm两种。锯条的锯齿有粗细之分，目前使用的齿距有0.8mm、1.0mm、1.4mm、1.8mm等几种。齿距小的细齿锯条适于加工硬材料和小尺寸工件以及薄壁钢管等。

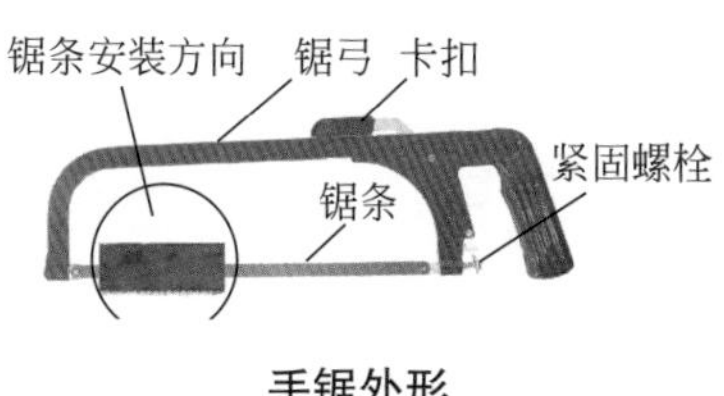

手锯外形

2）手锯的使用方法

① 放上锯条，拧紧螺栓，扳紧卡扣。

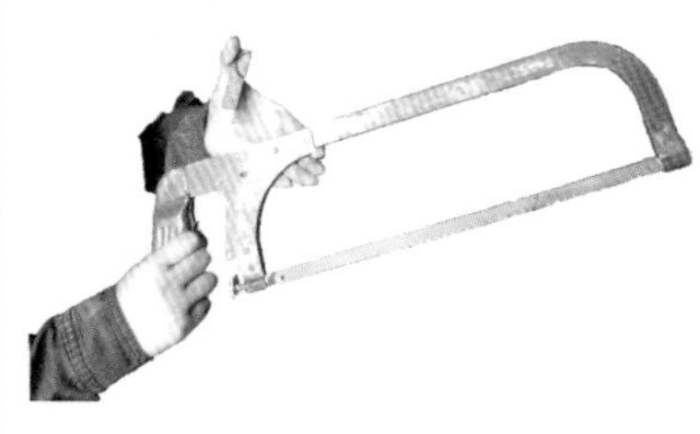

放上锯条

1 2
3 4

② 将锯条对准切割线从下往上进锯。

由于向上进锯锯齿接触面较大，人们通常使用这种锯法。

向上进锯法

③ 也可将锯条对准切割线从上往下进锯。

向下进锯法

④ 逐渐端平手锯用力锯割。

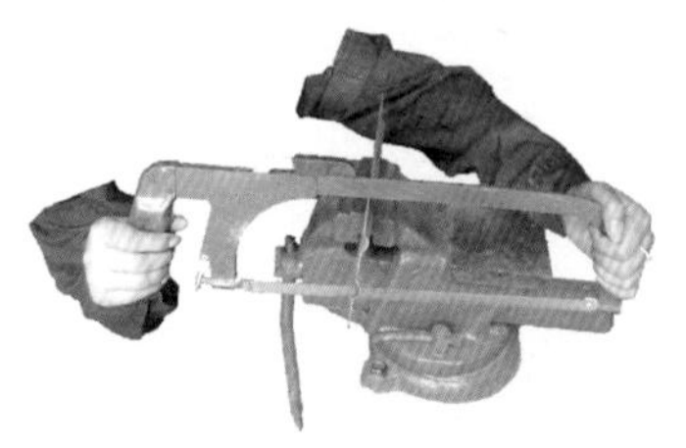

锯割

⑤ 如果锯缝深度超过锯弓高度，可以将锯条翻过来继续锯割，直到将工件锯掉。

反装锯条

(3) 锉刀的使用

1）锉刀外形

锉刀按剖面形状分有扁锉（平锉）、方锉、半圆锉、圆锉、三角锉、菱形锉和刀形锉等。平锉用来锉平面、外圆面和凸弧面；方锉用来锉方孔、长方孔和窄平面；三角锉用来锉内角、三角孔和平面；半圆锉用来锉凹弧面和平面；圆锉用来锉圆孔、半径较小的凹弧面和椭圆面。

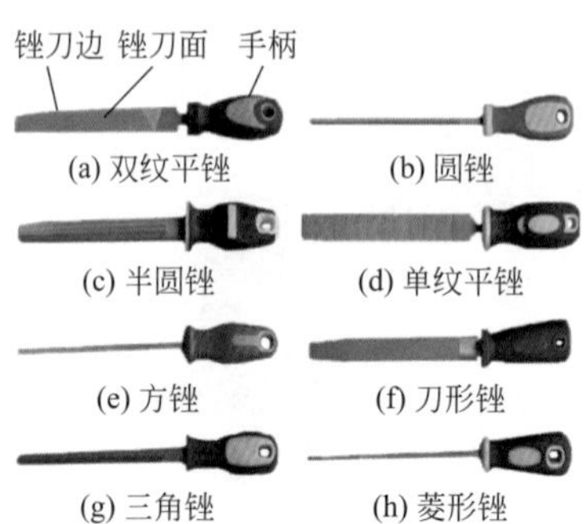

锉刀的外形

2）锉刀的握法

① 用右手握锉刀柄，柄端顶住掌心，大拇指放在柄的上部。

柄端顶住掌心

② 其余四指满握刀柄。

满握刀柄

3）左手姿势

① 大拇指搭在锉刀边上，其余四指满握刀头。

握满刀头

② 左手压住锉刀面。

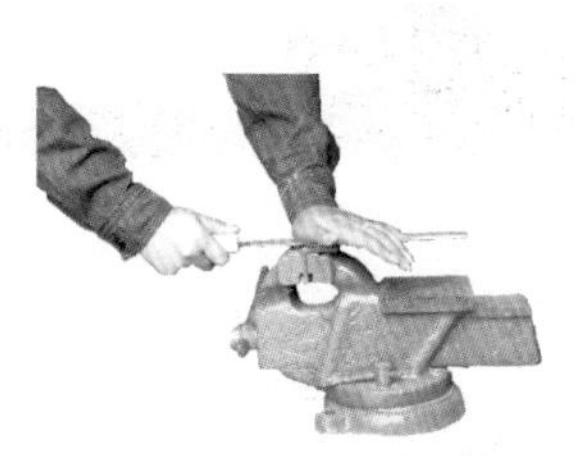

握住锉刀面

③ 左手手掌压住锉刀面。小型锉刀和什锦锉刀不使用左手。

压住锉刀面

4）平面的锉法

① 顺向锉

顺向锉是最普通的锉削方法。不大的平面和最后锉光都用这种方法。顺向锉可以得到正直的锉痕，比较整齐美观。

顺向锉

② 交叉锉

使用交叉锉法锉刀与工件的接触面增大，锉刀容易掌握平稳。同时，从锉痕上可以判断出锉削面的高低情况，因此容易把平面锉平。交叉锉进行到平面将锉削完成之前，要改用顺向锉，此时锉痕变为正直。

锉削时不论常用顺向锉还是用交叉锉，为了使加工平面均匀地锉到，一般在每次抽回锉刀时，都要向旁边略为移动。

交叉锉

③ 推锉

一般用于锉削狭长平面，或用顺向锉推进受阻碍时使用。推锉不能充分发挥手的力量，同时切削效率不高，故只适宜在加工余量较小和修正尺寸时使用。

推锉

（4）管子钳

1）管子钳的外形

管子钳用来拧紧或松散电线管子上的束节或管螺母。

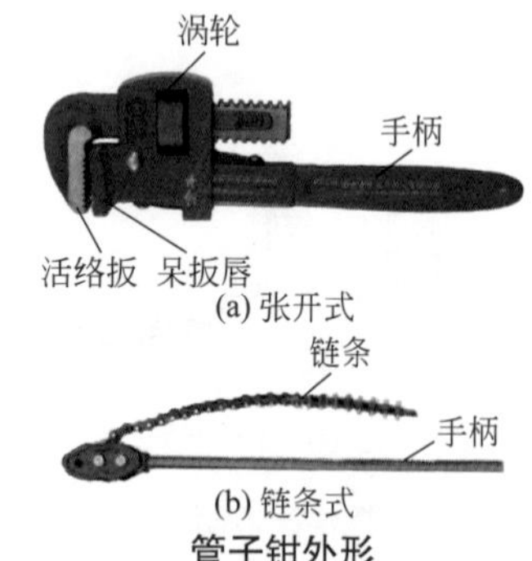

管子钳外形

2）管子钳的使用

用管子钳卡住钢管，活板子卡住螺帽，两手向两侧板，就可把螺帽板下来。

管子钳使用方法

（5）管子台虎钳的使用

1）管子台虎钳的外形

管子台虎钳安装在钳工工作台上，用来夹紧以便锯切管子或对管子套制螺纹等。

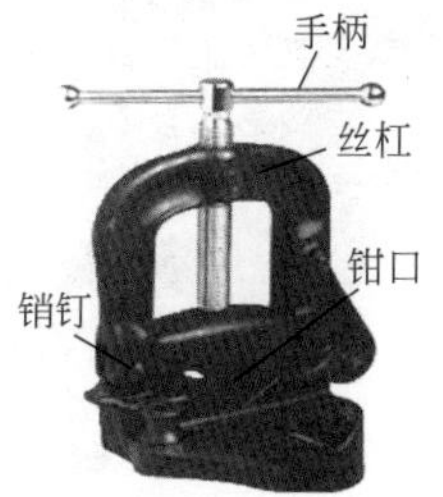

管子台虎钳外形

2）管子台虎钳的使用

① 旋转手柄，使上钳口上移。

钳口上移

② 将台虎钳放正后打开钳口。

打开钳口

③ 将需要加工的工件放入钳口。

放入工件

④ 合上钳口，注意一定要扣牢。如果工件不牢固，可旋转手柄，使上钳口下移，夹紧工件。

夹紧工件

(6) 管子绞扳的使用

1）管子绞扳外形

管子绞扳主要用于管子螺纹的制作，有轻型和重型两种。

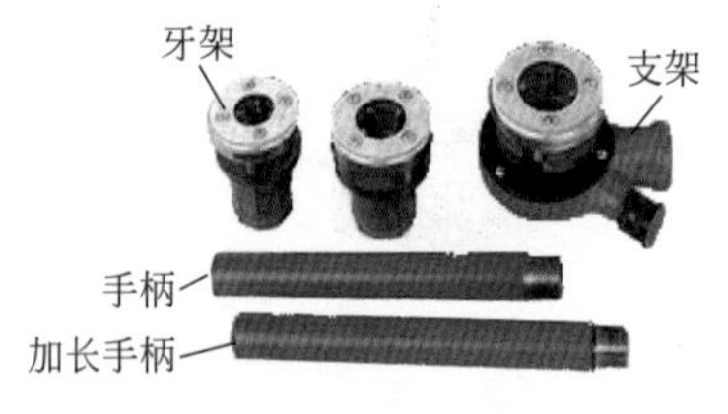

管子绞扳外形

2）管子绞扳的使用方法

① 将牙块按 1、2、3、4 顺序号顺时针装入牙架。

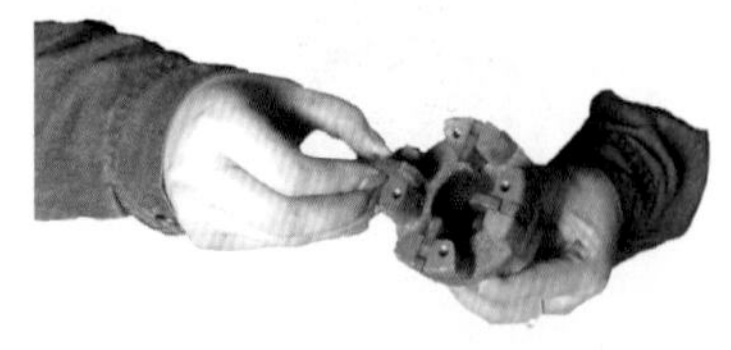

装入牙块

② 拧紧牙架护罩螺栓。

紧固外罩

③ 将牙架插入支架孔内。

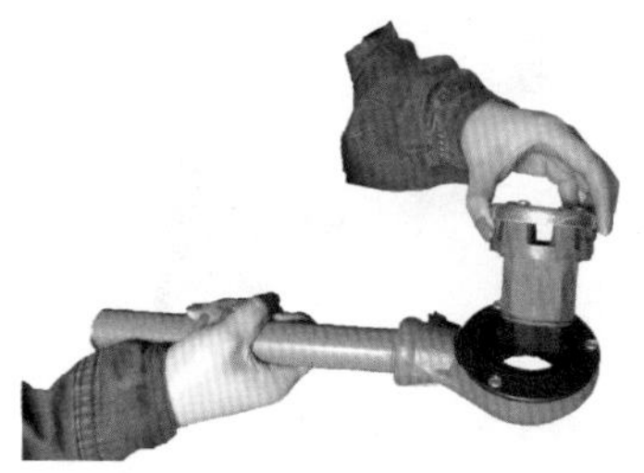

插入支架

④ 安上卡簧。

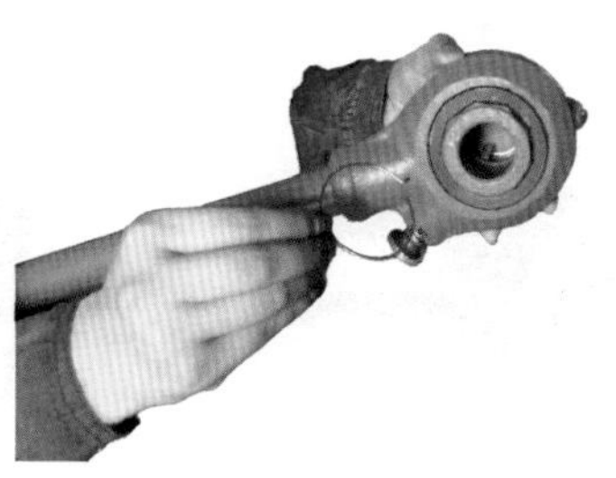

放上卡簧

⑤ 用一手扶着将牙架套入钢管，摆正后慢慢转动两圈。

套入钢管

⑥ 两手用力搬动手柄。

转动支架

⑦ 感到吃力时可以在丝扣上滴入少许机油。

滴入机油

⑧ 将加长手柄旋入继续转动，直到所需扣数为止。

拧上加长杆

（7）管子割刀的使用

1）管子割刀外形

管子割刀是一种专门用来切割各种金属管子的工具。

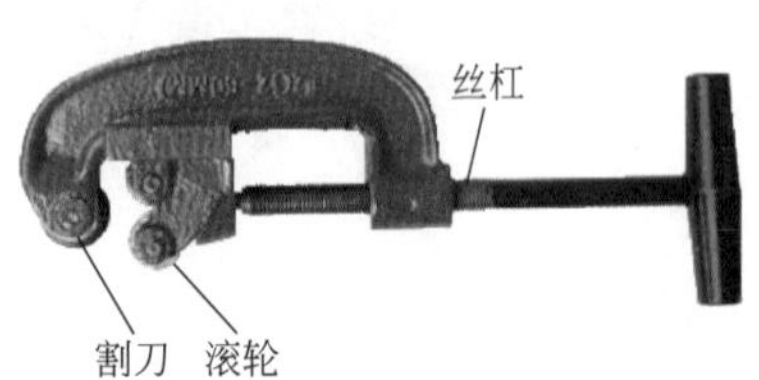

管子割刀外形

2）使用方法

① 将需要切割的管子固定在台虎钳上，将待割的管子卡入割刀，旋动手柄，使刀片切入钢管。

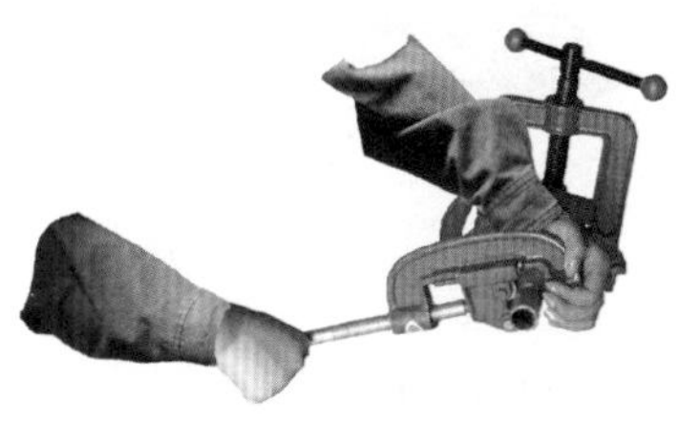

切入钢管

② 做圆周运动进行切割，边切割边调整螺杆，使刀片在管子上的切口不断加深，直至把管子切断。

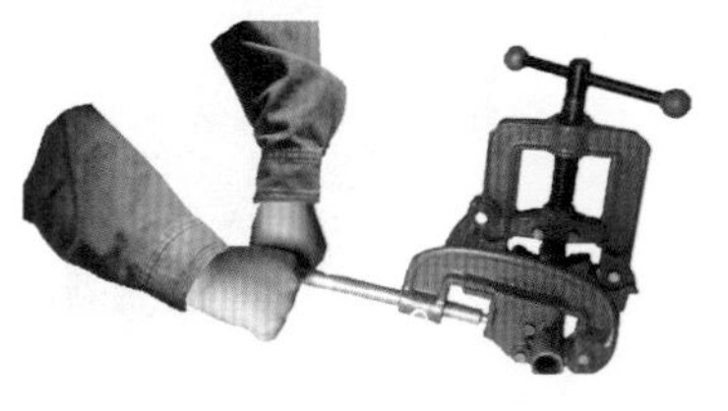

旋转加力

1 2
3 4

(8)电锤钻的使用

1）电锤钻外形

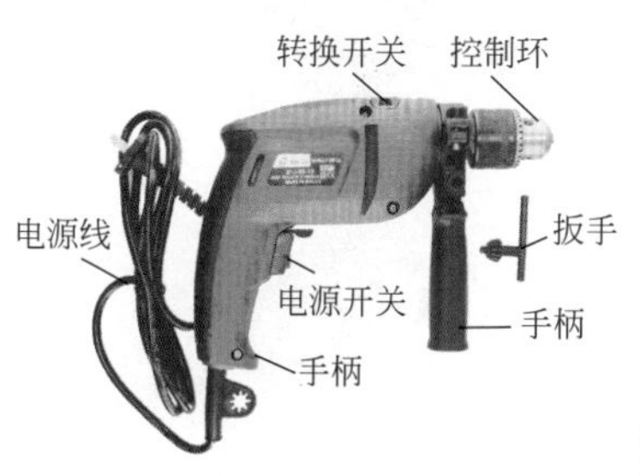

电锤钻外形

2）电锤钻的使用

① 根据膨胀螺栓的大小选择锤头，然后安装并紧固。

安装锤头

② 两手握住手柄，垂头对准要打孔部位，垂直用力，就可打出需要的孔洞。

对准打孔

(9)电动角向磨光机的使用

1）电动角向磨光机外形

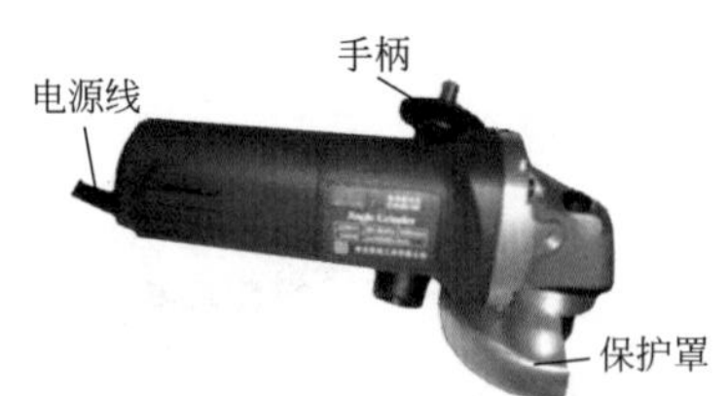

电动角向磨光机外形

2）角向磨光机使用切割钢管

① 选择合适砂轮片，用专用扳手拧紧。

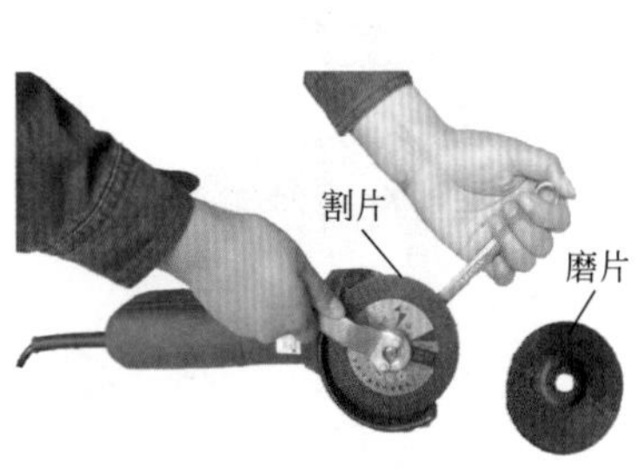

安装砂轮片

② 对准画线部位，拿稳轻按。

对准切割

1.1.2 电工常用工具的使用

(1) 低压验电器的使用

1）低压验电器的外形

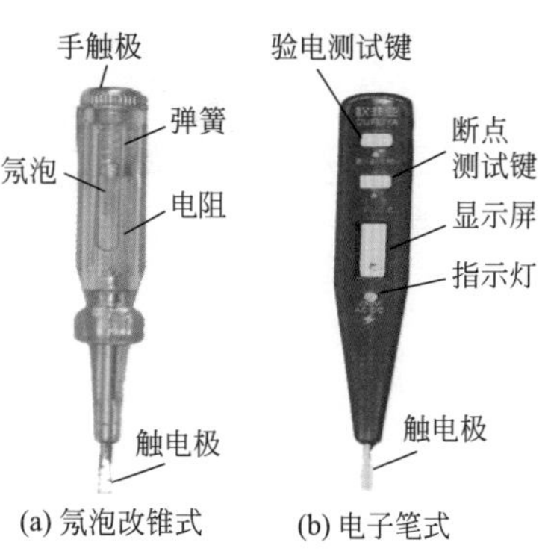

(a) 氖泡改锥式　　(b) 电子笔式

常用验电器外形

2）氖泡改锥式验电器的使用方法

中指和食指夹住验电器、大拇指压住手触极，触电极接触被测点，氖泡发光说明有电，不发光说明没电。

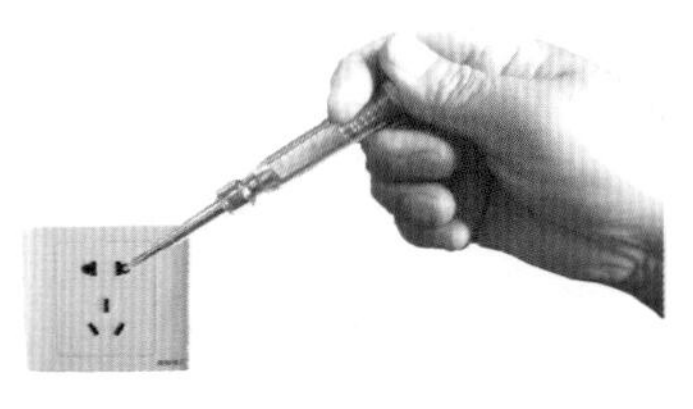

氖泡改锥式验电器的使用

3）感应（电子）笔式验电器的使用方法

中指和食指夹住验电器，大拇指压住验电测试键，触电极接触被测点，指示灯发光并有显示说明有电，指示灯不发光说明没电。

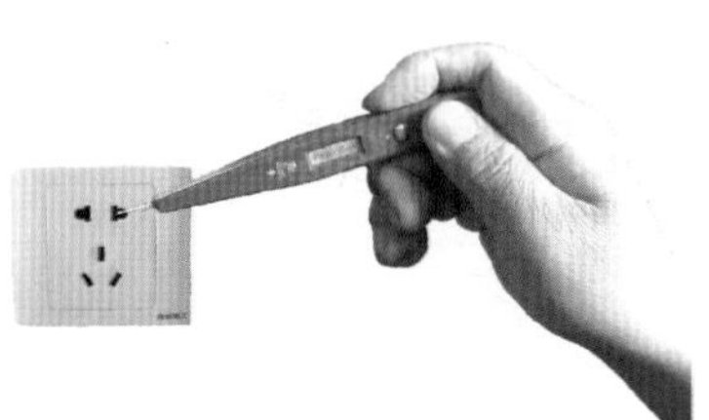

电子笔式验电器的使用

4）使用注意事项

使用时应注意手指不要靠近笔的触电极，以免通过触电极与带电体接触造成触电。

手指不能靠近触电极

(2)螺钉旋具的使用

1）螺钉旋具的外形

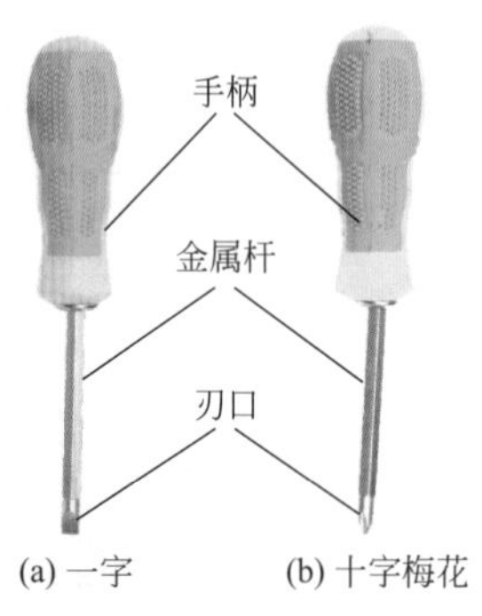

常用螺丝刀外形

2）螺丝刀的使用方法

四指捏住螺丝刀手柄，刃口顶住螺丝钉钉头，用力旋动螺丝钉，就可拧紧或松开螺丝钉。

螺丝刀使用方法

(3)电工刀的使用

1）电工刀外形

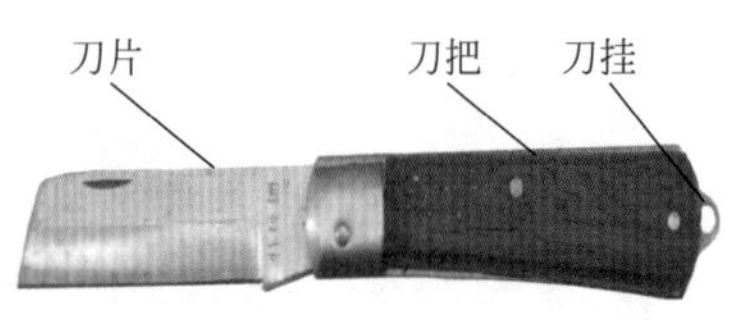

常用电工刀外形

2）剥削绝缘层的使用方法

将电工刀以近于90°切入绝缘层，轻轻往复拉动即可剥去绝缘层翻，如图所示。

使用注意事项：

① 使用电工刀时应注意避免伤手，不得传递未折进刀柄的电工刀；

② 电工刀刀柄无绝缘保护，不能带电作业，以免触电。

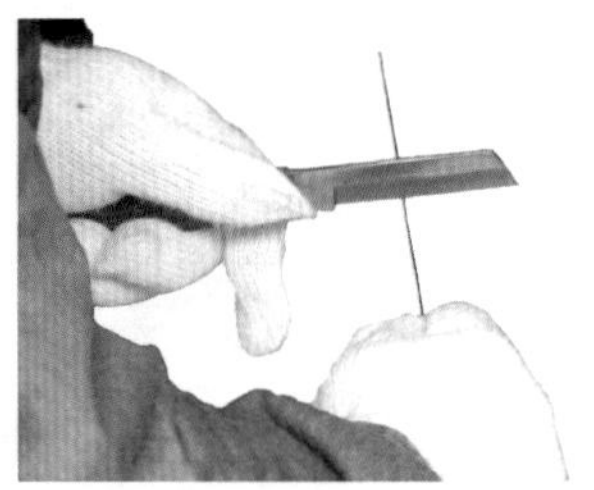

电工刀的使用

（4）钳子的使用

1）钳子的外形

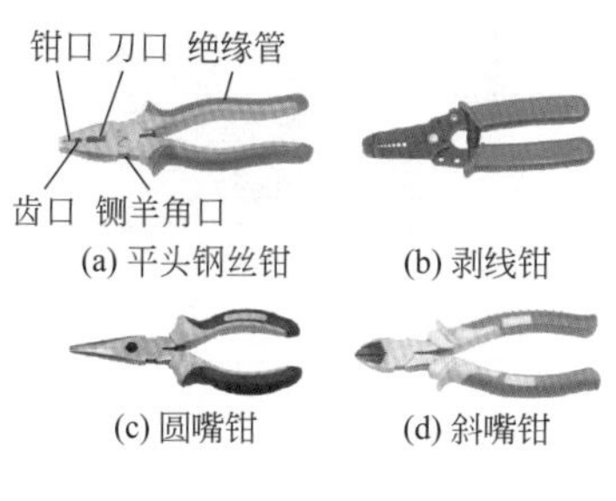

几种钳子外形

2）圆嘴钳的使用（制作导线压接圈）

① 把在离绝缘层根部 1/3 处向左外折角（多股导线应将离绝缘层根部约 1/2 长的芯线重新绞紧，越紧越好）。

向左折角

② 当圆弧弯曲得将成圆圈（剩下 1/4）时，将余下的芯线向右外折角，然后使其成圆。

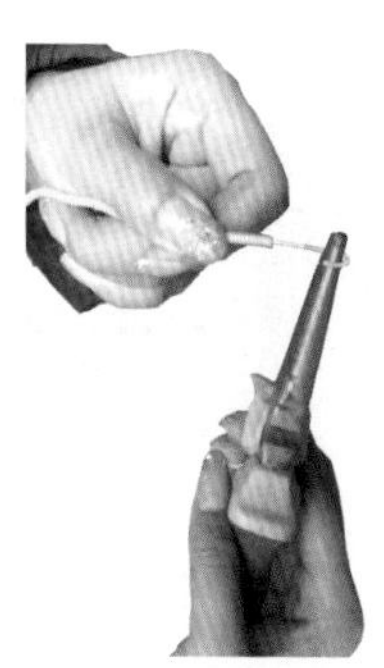

弯曲成圆

③ 捏平余下线端，使两端芯线平行。

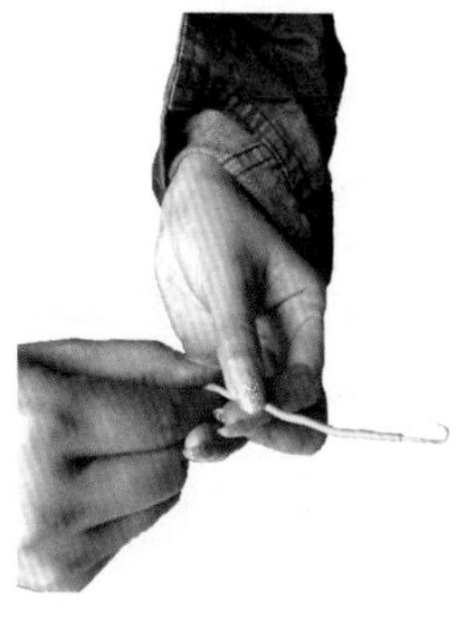

捏平

3）剥线钳使用（剥削绝缘层）

① 打开销子，将导线放入刀口，压下钳柄使钳子在导线上转一圈。

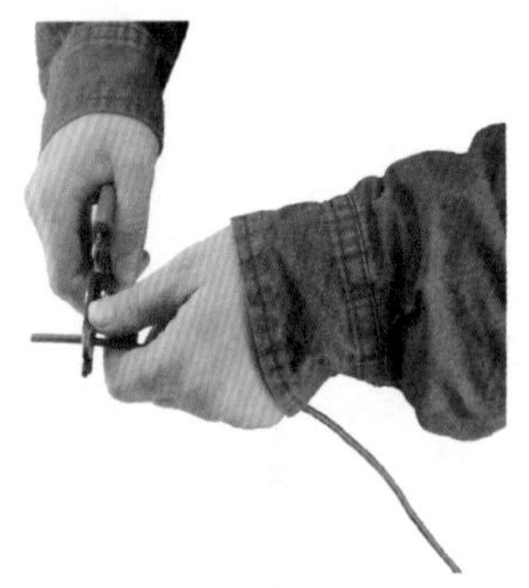

钳子转一圈

② 左手大拇指向外推钳头，右手压住钳柄并向外拨，绝缘层就随剥线钳一起脱离导线。

向外推

（5）扳手的使用

1）扳手的外形

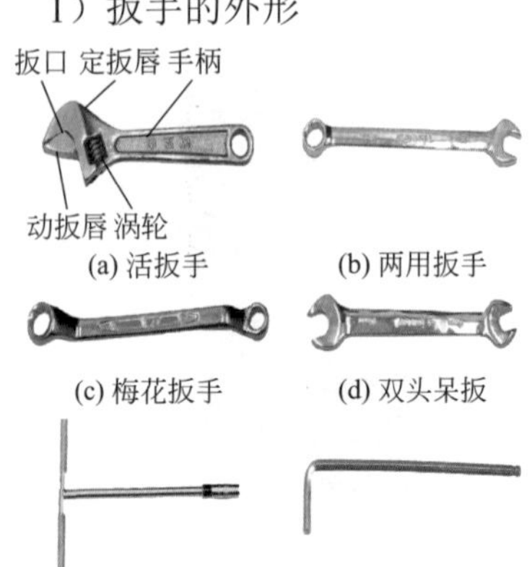

常用电工扳手外形

2）活扳手的使用（拆除螺栓）

① 将扳手打开，插入被扭螺栓，扭动涡轮靠紧螺栓。

插入螺栓

② 按住涡轮，顺时针扳动手柄，螺栓就被拧紧。

按住涡轮扳动

（6）电烙铁的使用

1）电烙铁外形

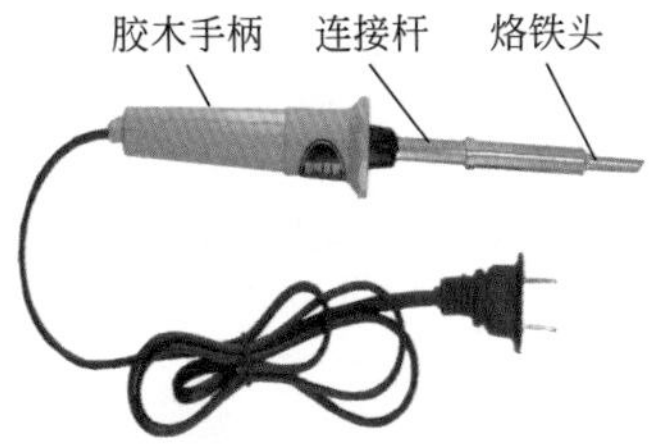

电烙铁外形

2）电烙铁的使用（导线焊接）

① 涂上焊剂。

涂焊剂

② 用电烙铁头给镀锡部位加热。

加热

③ 待焊剂熔化后，将焊锡丝放在电烙铁头上与导线一起加热，待焊锡丝熔化后再慢慢送入焊锡丝，直到焊锡灌满导线为止。

送入焊锡丝

(7) 电工手锤的使用

1）手锤外形

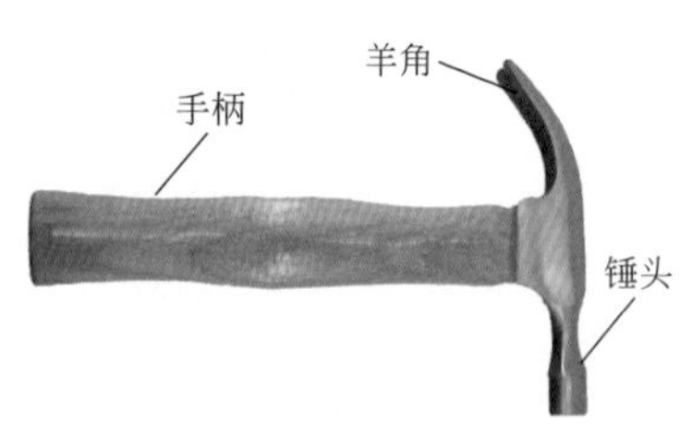

手锤外形

2）使用手锤安装木榫的方法

将木方削成大小合适的八边形，先将木榫小头塞入孔洞，用锤子敲打木榫大头，直至与孔洞齐平为止。

手锤使用

(8) 工具夹的使用

1）工具夹外形

工具夹用来插装螺丝刀、电工刀、验电器、钢丝钳和活络扳手等电工常用工具，分有插装三件、五件工具等各种规格，是电工操作的必备用品。

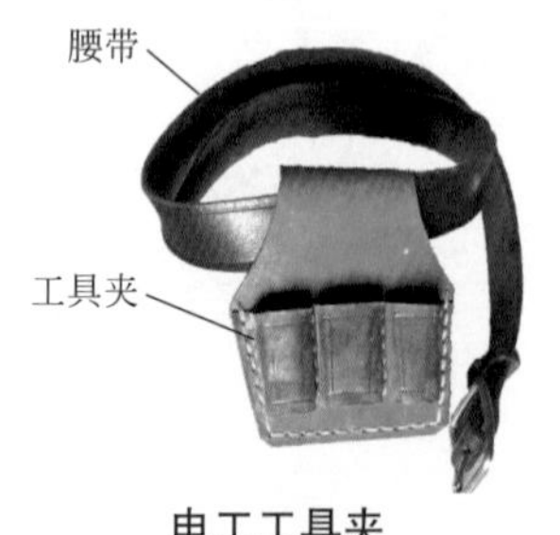

电工工具夹

2）工具夹的使用

①将需要工具逐一插入套中。

插入套中

②将工具夹系于腰间并扣好锁扣。

系于腰间

1 2
3 4

（9）喷灯的使用

1）喷灯外形

喷灯是火焰钎焊的热源，用来焊接较大铜线鼻子大截面铜导线连接处的加固焊锡，以及其他电连接表面的防氧化镀锡等。按使用燃料的不同，喷灯分为煤油喷灯和汽油喷灯两种。

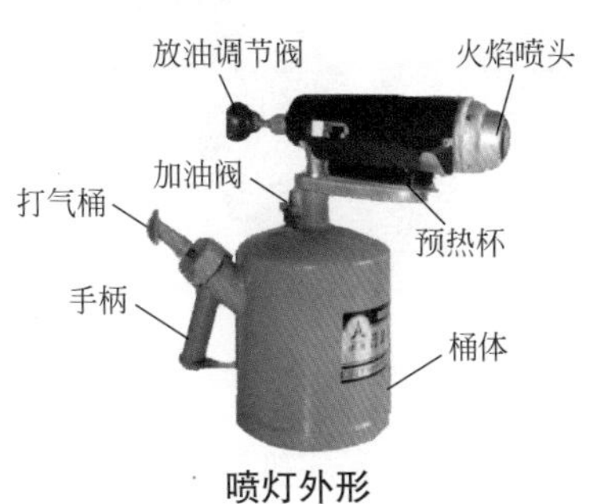

喷灯外形

2）喷灯的使用

①先关闭放油调节阀。

关闭放油阀

② 给打气筒打气。

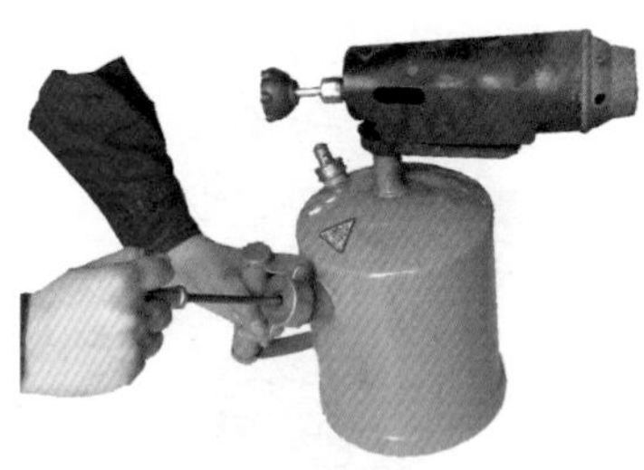

打气

③ 打开放油阀用手挡住火焰喷头，若有气体喷出，说明喷灯正常。

挡住火焰喷头

④ 关闭放油调节阀，拧开打气筒。

拧开打气筒

⑤ 给筒体加入汽油

筒体加油

⑥ 给预热杯加入少量汽油。

预热杯加油

⑦ 拧紧打气筒盖，然后给筒体打气加压至一定压力。

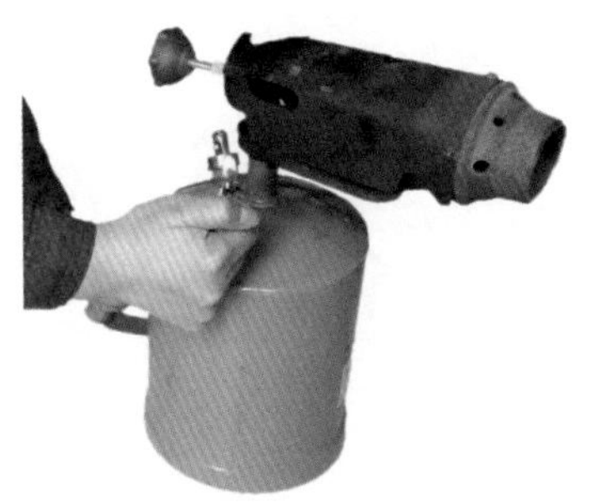

打气

⑧ 点燃预热杯中的汽油预热。

点燃预热杯

⑨ 在火焰喷头达到预热温度后，旋动放油调节阀喷油，根据所需火焰大小调节放油调节阀到适当程度，就可以焊接了。

使用时注意打气压力不得过高，防止火焰烧伤人员和工件。周围的易燃物要清理干净，在有易燃易爆物品的周围不准使用喷灯。

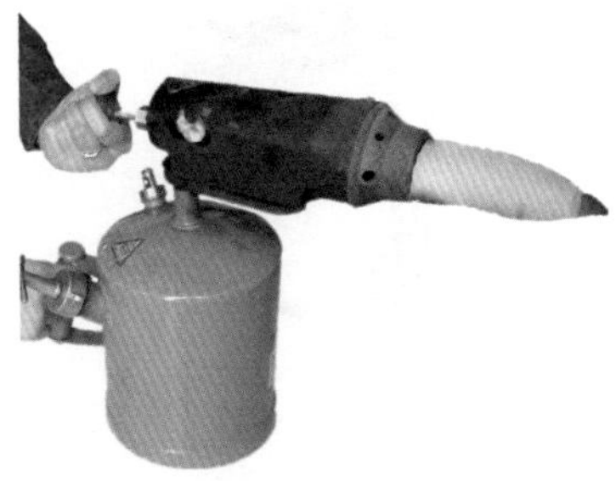

调节放油阀

(10)手动弯管器的使用

1)手动弯管器外形

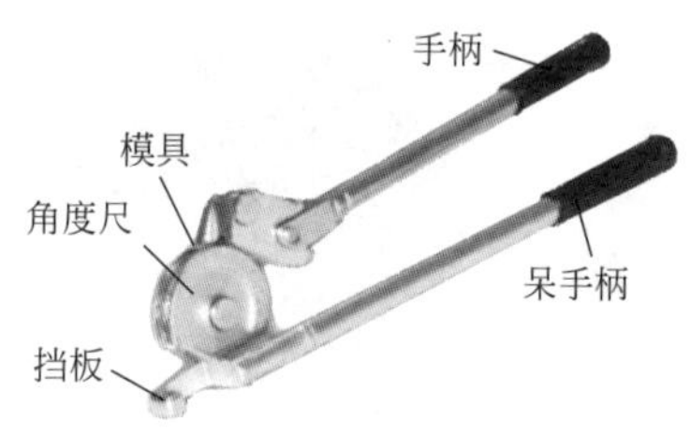

手动弯管器的外形

2)手动弯管器使用

① 首先根据要弯管的外径选择合适的模具，并固定。

安装模具

② 插入管子。

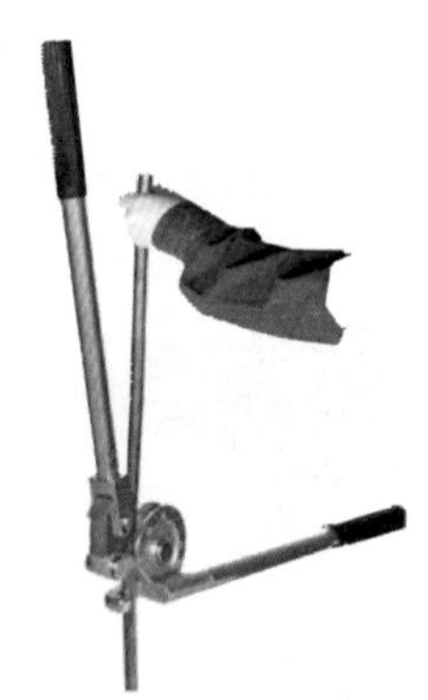

插入管子

③ 双手压动手柄，观察刻度尺，当手柄上横线对准需要弯管角度时，操作完成。

弯制成型

1.1.3　测量工具

(1) 游标卡尺的使用

1）游标卡尺外形

内径固定爪
内径活动爪
主尺固定螺栓
副尺固定螺栓
主尺
深度尺
副尺
微动手轮
外径固定爪
外径活动爪

游标卡尺外形

2）游标卡尺使用（钢管外径测量）

松开主副尺固定螺栓，将钢管放在外径测量爪之间，拇指推动微动手轮，使内径活动爪靠紧钢管，即可读数。

先读主尺 26，再看副尺刻度 4 与主尺 30 对齐，这样小数为 0.4，加上 26，结果为 26.4mm。

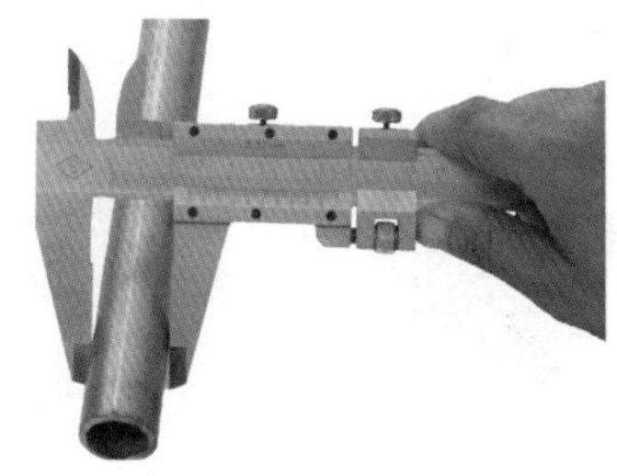

游标卡尺使用方法

(2) 外径千分尺的使用

1）外径千分尺的外形

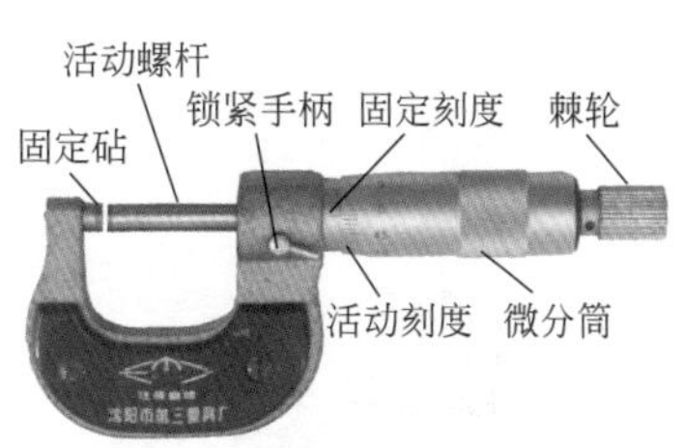

外径千分尺外形

2）外径千分尺的使用（导线外径测量）

① 左手将平直导线置于固定砧和活动螺杆之间，右手旋动微分筒。

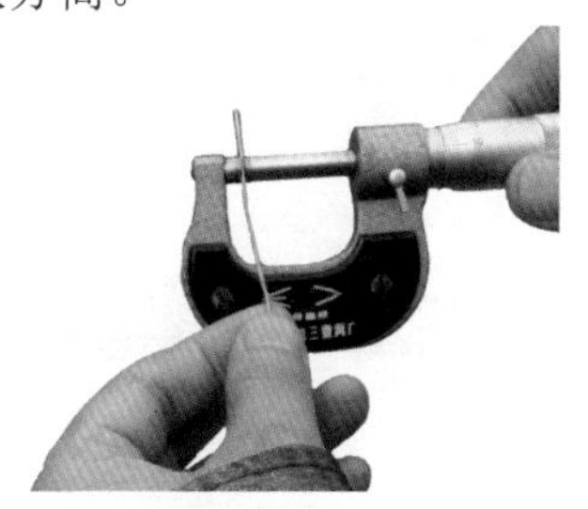

旋动微分筒

② 待活动螺杆靠近导线时，右手改旋棘轮，听到“咔咔”响声时，说明导线已被夹紧，可以读数。

读数的方法：先读固定刻度1.0，然后看固定刻度尺线与活动刻度哪条对齐（在中间时要估一位），再读0.085，最后两数相加，得到导线测量直径1.085mm。

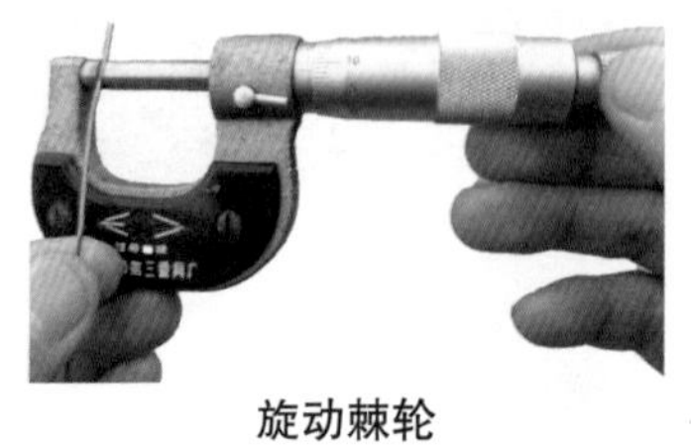

旋动棘轮

1.1.4 常用电工仪表的使用

（1）钳形电流表的使用

1）钳形电流的外形

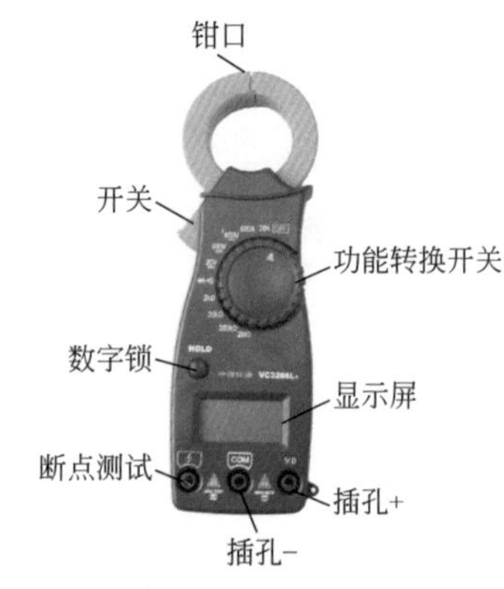

钳形电流表外形

2）钳形电流表使用1（电流测量）

① 打开钳口，将被测导线置于钳口中心位置。

打开钳口

② 合上钳口即可读出被测导线的电流值。

测量较小电流时，可把被测导线在钳口多绕几匝，这时实际电流应除以缠绕匝数。

夹入导线并读数

3）钳形电流表使用 2（直流电阻测量）

① 根据估测数值将钳形电流表选择开关打到 2k 电阻挡。

选择挡位

② 将两表笔接在被试物两端，并保持接触良好，读取测量值。

测量

③ 测量完毕将选择开关打到 OFF 挡。

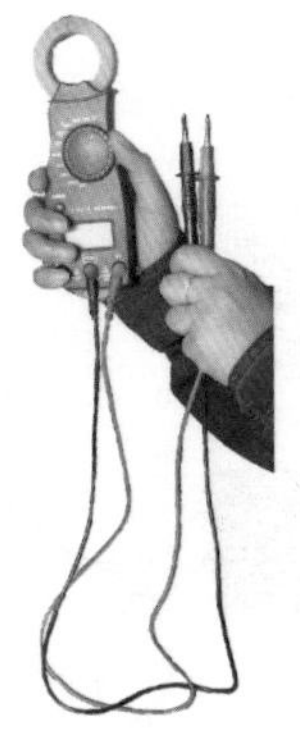

关闭

（2）万用表的使用

1）数字万用表外形

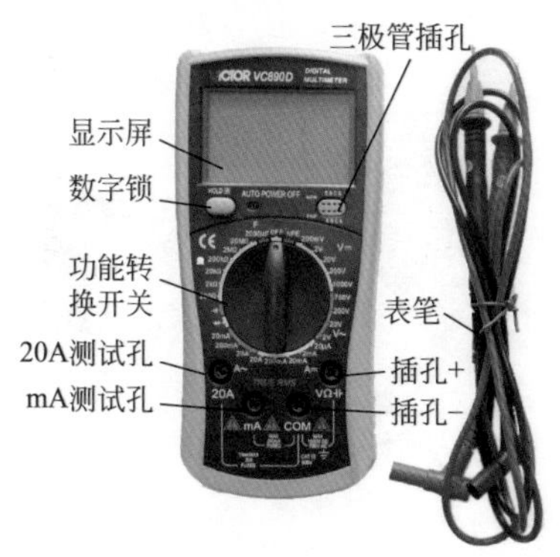

数字万用表外形

2）数字万用表的使用

① 将万用表打到电容挡。

确定功能和挡位

② 两表笔分别连接电容器两接线端，开始时没有读数，待电容器充满电后，显示屏即显示电容值。

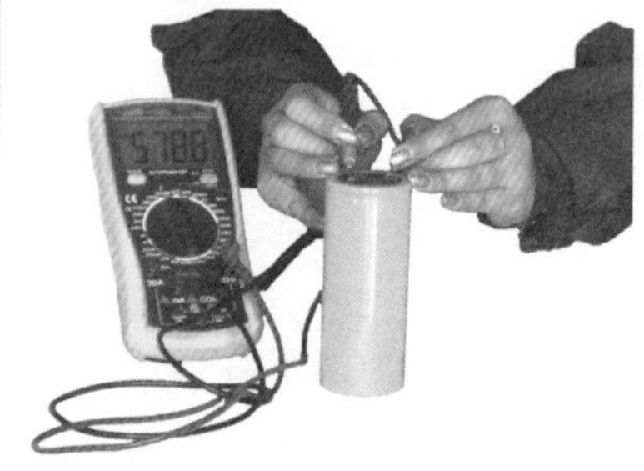

测量

1 2
3 4

③ 测量完毕关闭万用表。

关闭

3）指针式万用表的使用

① 先将功能挡打到欧姆挡。

测量中应选择测量种类，然后选择量程。如果不能估计测量范围时，应先从最大量程开始，直至误差最小，以免烧坏仪表。

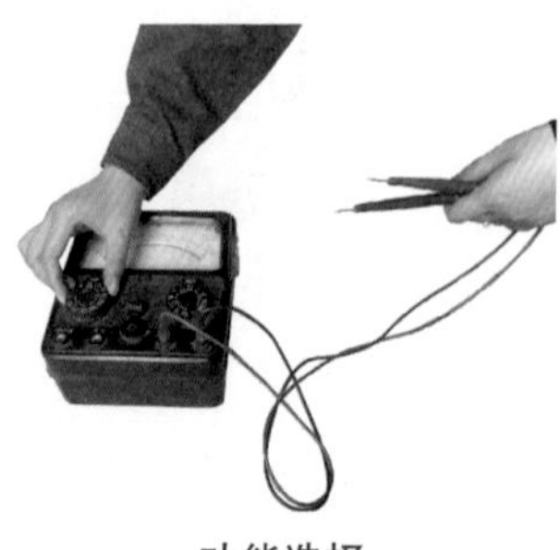

功能选择

② 再将量程打到 1k 挡。

量程选择

③ 两表笔短接调整零位旋钮使指针至零位。

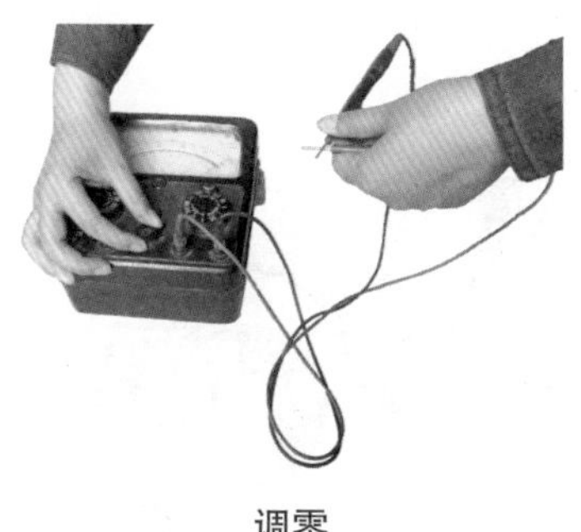

调零

④ 两表笔连接线圈端子，读数。

注意事项：测量电阻每换一挡，必须校零一次。测量完毕，应关闭或将转换开关置于电压最高挡。

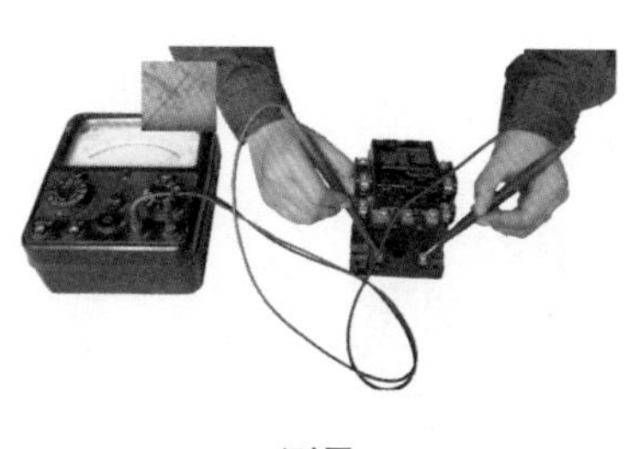

测量

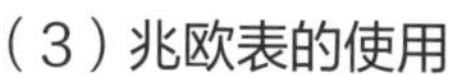

（3）兆欧表的使用

1）手动兆欧表外形

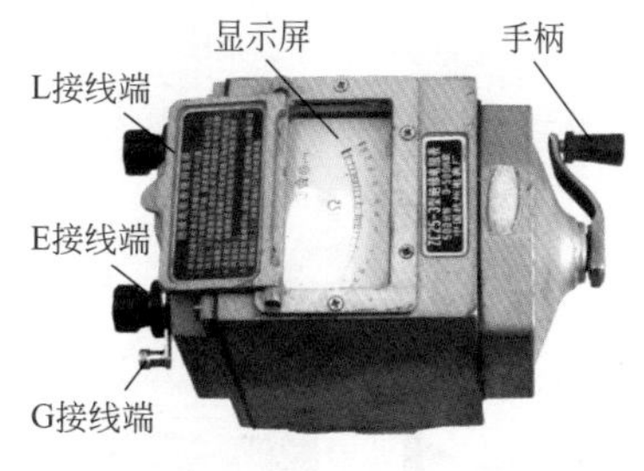

兆欧表外形

2）兆欧表的使用

① 将L、E两表笔短接缓慢摇动发电机手柄，指针应指在“0”位置。

对零

② L表笔不动，将E表笔接地，由慢到快摇动手柄。若指针指零位不动时，就不要在继续摇动手柄，说明被试品有短路现象。若指针上升，则摇动手柄到额定转速（120r/min），稳定后读取测量值。

测量

1.2 常用材料

1.2.1 管道工常用材料

（1）常用钢制螺纹连接管件

管箍

异径外接头

外方管堵

内方管堵

内外螺丝

补芯

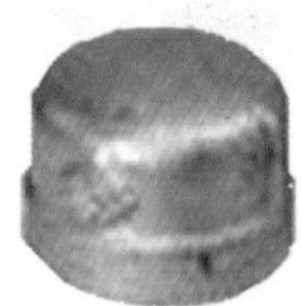
管帽

锁紧螺母

内方补芯

异径内接头

活接头

异径内外丝接头

侧孔弯头

侧孔三通

侧孔四通

长连接

1 2
3 4

月弯

外丝月弯

内外丝平座活接弯

45°弯头

单弯三通

双弯弯头

1

过管

弯头

内外丝弯

平座活接弯

2

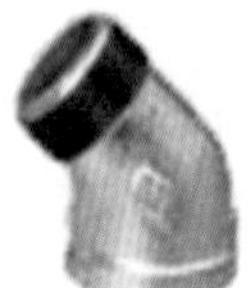

45°内外丝弯

三通

内外丝三通

Y形三通

3

中大三通

中小三通

四通

异径四通

4

（2）常用的塑料管件

1）给水塑料管件

90°弯头

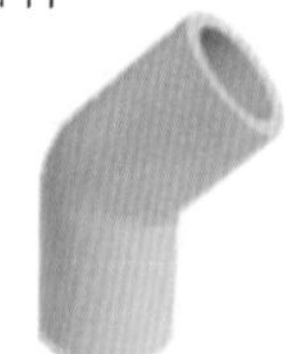

45°弯头

90°三通

90°异径三通

粘接和内螺纹接头

粘接和内螺纹变接头

粘接型承插口

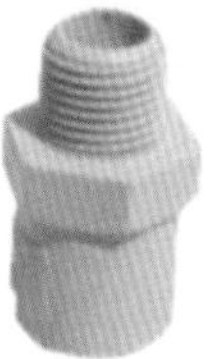
粘接和外螺纹变接头

管帽

90° 铜内螺纹三通

90° 铜内螺纹弯头

管箍

异径管接头

2）排水塑料管件

直接

异径直接

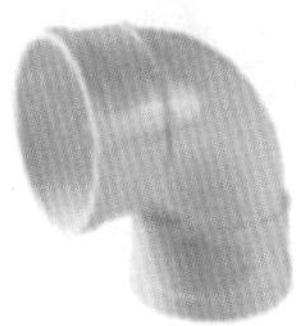
90° 弯头

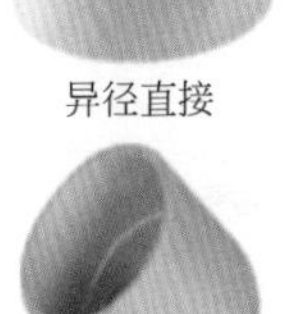
45° 弯头

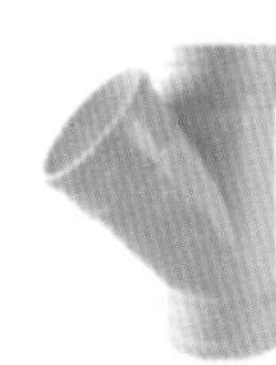
45° 斜三通

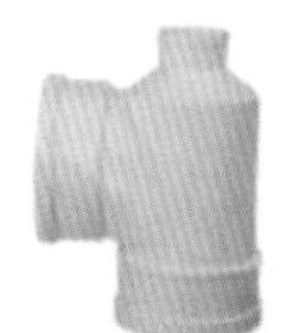
瓶形三通

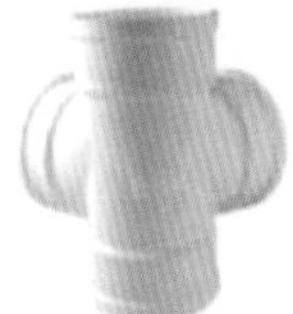
正四通

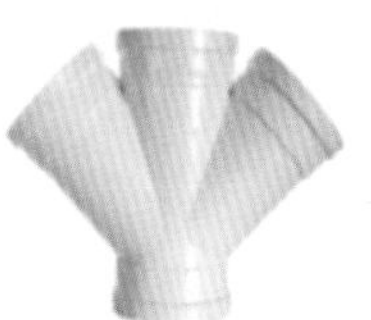
斜四通

90°顺水三通

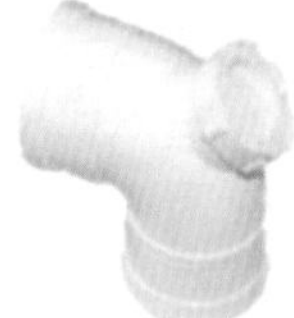
反水弯

螺口伸缩节

检查口

大便连接器

透气帽

方形雨斗

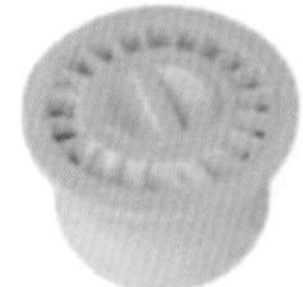
防臭地漏

1 2
3 4

简易地漏

清扫口

管卡

吊卡

（3）常用铝塑管管件

内螺纹挤压式直通

挤压式直通

螺纹挤压式三通

螺纹挤压式内丝三通

螺纹挤压式内丝弯头

外螺纹挤压式直通

螺纹挤压式外丝直通

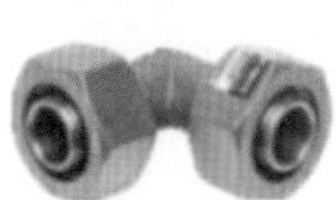
螺纹挤压式弯头

（4）常用水龙头

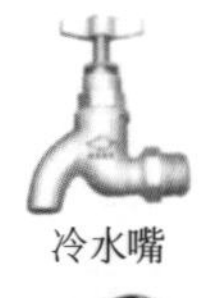
冷水嘴

热水嘴

双控洗面器水嘴

洗涤水嘴

单控洗面器水嘴

接管水嘴

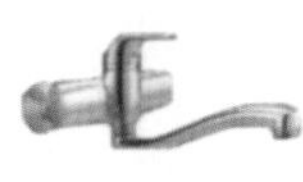
洗涤水嘴

浴缸水嘴

回转式水嘴

单控洗面器水嘴

洗涤水嘴

洗涤水嘴

接管水嘴

单控淋浴水嘴

浴缸水嘴　　浴缸水嘴

双控淋浴水嘴

双控浴缸水嘴

浴缸水嘴

洗衣机水嘴

（5）洗面器

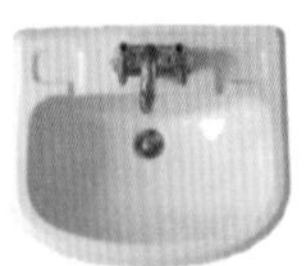

托架式洗面器

托架式洗面器

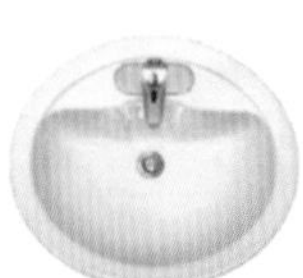

台式洗面器

台式洗面器

立柱式洗面器

立柱式洗面器

（6）大便器

有档式蹲便器

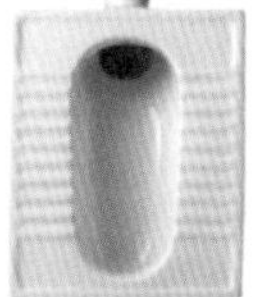

无档式蹲便器

连体式座便器

座箱式座便器

（7）小便器

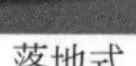

落地式

壁挂式

斗式

（8）卫生间配件

肥皂盒

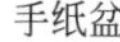

手纸盆

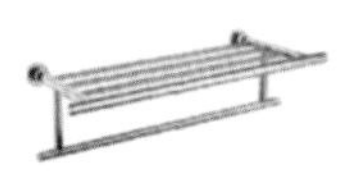

毛巾架托

1.2.2　电工常用材料

（1）金属管及管件

1）白铁管规格及尺寸

白铁管规格

外形	标称直径/mm	外径×壁厚/mm×mm	内径/mm	质量/(kg/m)
	10	17×2.25	12.5	0.82
	15	21.25×2.75	15.75	1.25
	20	26.75×2.75	21.25	1.63
	25	38.5×3.25	27	2.42
	32	42.25×3.25	35.75	3.13
	40	48×3.50	41	3.84
	50	60×3.50	53	4.88
	70	75.5×3.75	68	6.64
	80	88.5×4	80.5	8.34
	100	114×4	106	10.85
	125	140×4.5	131	15.04
	150	165×4.5	156	17.81

2）管配件规格尺寸

管配件规格尺寸

名称	外形	型号	尺寸/mm
接线盒		L101	ϕ20/25
		L102	
		L103	
		L104	
		L105	

续表

名称及外形	型号	尺寸/mm
套管式管端接头	TGJ	ϕ16
		ϕ20
		ϕ25
		ϕ32
		ϕ38
铁皮离墙管卡	TPK	ϕ20
		ϕ25
		ϕ32
		ϕ40
		ϕ50
软管端接头	DPJ	ϕ20
		ϕ25
		ϕ32
		ϕ38

续表

名称及外形	型号	尺寸/mm
法兰	D146	ϕ20
	D147	ϕ25
明装三通	L210	ϕ20
	M210	ϕ25
明装弯头	L208	ϕ20
	M208	ϕ25
	L209	ϕ20
	M209	ϕ25
管接头	C140	ϕ20
	C141	ϕ25
	C142	ϕ32
	C143	ϕ40
	C144	ϕ50

（2）塑料管及管件

1）硬质塑料管规格

聚氯乙烯(PVC)硬塑管规格

外形	标称直径/mm	外径/mm	轻型管		重型管	
			壁厚/mm	质量/(kg/m)	壁厚/mm	质量/(kg/m)
	8	12.5	—	—	2.25	0.45
	10	15	—	—	2.50	0.60
	15	20	2	0.7	2.50	0.85
	20	25	2	0.9	3	1.30
	25	32	3	1.7	4	2.20
	32	40	3.5	2.5	5	3.40
	40	51	4	3.6	6	5.20
	50	65	4.5	5.2	7	7.40
	65	76	5	6.8	8	11
	80	90	6	10	—	—
	100	114	7	15	—	—

2）聚氯乙烯阻燃型可挠电线管规格

聚氯乙烯阻燃型（KRG）可挠电线管规格

外形	标称直径/mm	内径/mm	外径/mm	质量/(kg/m)
	15	14.3	18.7	0.06
	20	16.5	21.2	0.07
	25	23.3	28.9	0.105
	32	29	34.5	0.13
	40	36.2	42.5	0.184
	50	47.7	54.5	0.26

3）PVC 管接头规格尺寸

PVC管接头规格尺寸

外形	配用管径	内径/mm	外径/mm	长度/mm
	DN16	16	20	30
	DN20	20	24	42
	DN25	25	30	42
	DN32	32	37	52
	DN40	40	45	58
	DN50	50	55	62
	DN63	60	68	70

4）PVC 入盒接头及入盒锁扣规格尺寸

PVC入盒接头及入盒锁扣规格尺寸

外形	配用管径	内径/mm	外径/mm	长度/mm
	DN16	16	21	33
	DN20	20	25	35
	DN25	25	31	35
	DN32	32	40	42
	DN40	40	48	45.5
	DN50	50	58	55.5
	DN63	60	71	79.5

5）PVC 明 / 暗装圆形灯头盒规格尺寸

PVC明/暗装圆形灯头盒规格尺寸

外形	配用管径	外径/mm	内径/mm	线孔距/mm
	DN16	66	51.0	32/57
	DN20	66	50.8	32/63.9
	DN25	64	50	35/66

6）PVC 明暗装开关盒规格尺寸

PVC明暗装开关盒规格尺寸

外形	配用管径	外长/mm	高度明/暗/mm	内长/mm
	DN16	75/77	40/54	50/60.3
	DN20	100/77	40/54	72/60.3
	DN25	125/164	40/54	94/60.3

7）PVC 弯头规格尺寸

PVC弯头规格尺寸

外形	配用管径	内径/mm	外径/mm	总长/mm	厚度/mm
	DN16	16	19	55	27
	DN20	20	24	63	31
	DN25	25	29.3	70	36
	DN32	32	37	77	43
	DN40	40	50	88	52
	DN50	50	55	113	63
	DN63	63	69	133	78

8）PVC 管叉规格尺寸

PVC管叉规格尺寸

外形	配用管径	内径/mm	外径/mm	长/mm	宽/mm	厚度/mm
	DN16	16	19	60	99	29
	DN20	20	24	68	110	33
	DN25	25	29.3	71	108	42.5
	DN32	32	37	80	113	43
	DN40	40	50	84	115	52
	DN50	50	55	113	165	66
	DN63	63	69	133	193	81

9）PVC 管卡规格尺寸

PVC管卡规格尺寸

外形	配用管径	长度/mm	厚度/mm	高度/mm
	DN16	24	20	18.5
	DN20	29.5	26	18.5
	DN25	34	32.5	18.5
	DN32	43	34	18.5
	DN40	51	40	18.5

10）PVC90°弯头规格尺寸

PVC90°弯头规格尺寸

外形	配用管径	内径/mm	外径/mm	总长/mm
	DN16	16	20	39
	DN20	20	24	45
	DN25	25	29	53
	DN32	32	36	63
	DN40	40	45	76
	DN50	50	55	89
	DN63	63	68	110

（3）紧固件

1）管夹规格尺寸

管夹规格尺寸

外形	配用管径	圆弧直径/mm	长度/mm	带宽/mm	高度/mm	孔距/mm
	DN16	16	47	15	17	32
	DN20	20	54	16	21	36
	DN25	25	60	18	26.5	41
	DN32	32	78	22	33	58
	DN40	40	91	24	41	72
	DN50	50	102	25	52	80
	DN63	63	114	28	66	94

2）不锈钢喉箍规格尺寸

不锈钢喉箍规格尺寸

外形	英制规格/in	公制规格/mm	带宽/mm
	4～12	6～32	6
	16～28	21～57	8
	32～72	40～27	10
	80～104	118～178	12

3）膨胀螺栓规格尺寸

膨胀螺栓规格尺寸

外形	螺栓规格	胀管直径/mm	螺纹长度/mm	钻孔直径/mm
	M6	10	40～50	10.5
	M8	12		12.5
	M10	14		14.5
	M12	18		19
	M16	22		23

4）胀管规格尺寸

胀管规格尺寸

外形	公称外径/mm	螺纹直径/mm	总长/mm	螺钉直径/mm
	ϕ6	3.6	30	4
	ϕ8	5	42	5
	ϕ9	6	48	6
	ϕ10	6	58	6
	ϕ12	8	70	8

5）管卡及单边管卡规格尺寸

管卡及单边管卡规格尺寸

管卡外形	管卡/单边管卡			
	总长/mm	螺纹长/mm	圆弧直径/mm	螺纹直径/mm
	35/44	16/20	18/18	M6
	44/50	18/22	22/22	M6
	50/54	18/22	28/28	M6
	56/60	18/22	35/35	M6
	62/68	18/22	40/40	M6
	78	18	52	M8
	105	18	78	M10
	118	18	92	M10

6）塑料、尼龙绑扎带规格尺寸

塑料、尼龙绑扎带规格尺寸

外形	塑料规格/mm			尼龙规格/mm		
	型号	带长	带宽	型号	带长	带宽
	S1	118	3	N1	118	3
	S2	160	5	N2	160	5
	S3	250	10	N3	250	10
	S4	348	10	N4	348	10

7）压线夹规格尺寸

压线夹规格尺寸

外形	圆形/mm	扁形/mm
	ϕ4	
	ϕ5	
	ϕ6	6
	ϕ7	7
	ϕ8	8
	ϕ9	
	ϕ10	10
	ϕ11	12
	ϕ12	
	ϕ14	

8）钢精扎头规格尺寸

钢精扎头规格尺寸

外形	型号	规格/mm	
		带长	带宽
	0	28	5.6
	1	40	6
	2	48	6
	3	59	6.8
	4	66	7
	5	73	7

（4）塑料线槽

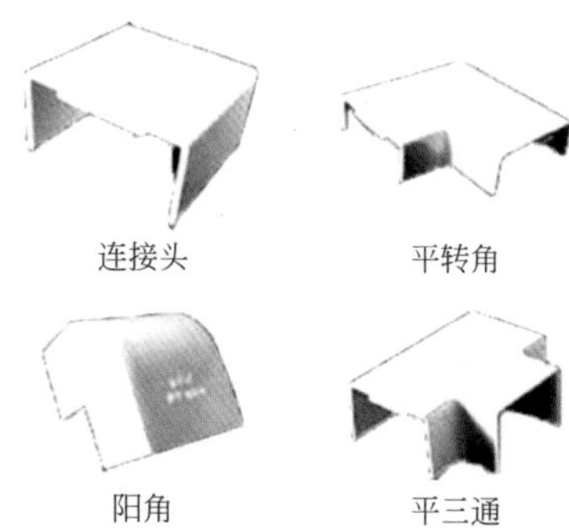

连接头　平转角

阳角　平三通

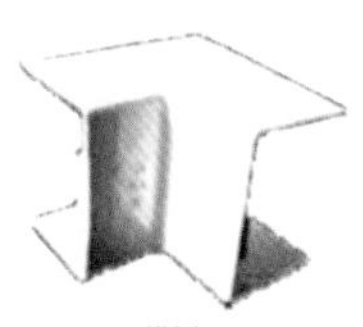

阴角

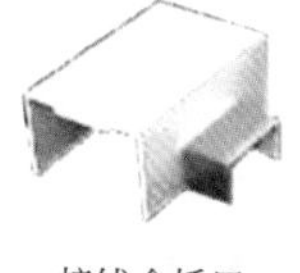

接线盒插口

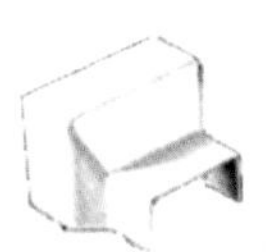

灯头盒插口

接线盒

（5）开关插座

1）86 系列开关及插座名称与型号

86系列开关及插座名称与型号

外形	名称型号	外形	名称型号
	一位开关 C1-001		二位开关 C1-002
	三位开关 C2-003		一开带二、三极插座 C2-004
	一开带 16A 插座 C2-005		二极多功能插座 C2-006
	三极插座 C2-007		二、三极插座 C2-008

续表

外形	名称型号	外形	名称型号
	二、二三极插座 C2-007		一位电视插座 C2-010
	电视分支插座 C2-011		二位电视插座 C2-012
	一位电话插座 C1-013		一位电脑插座 C1-014
	二位电话插座 二位电脑插座 C2-015		电话、电脑插座 C2-016

续表

外形	名称型号	外形	名称型号
	电视、电话插座 C2-017		电视、电脑插座 C2-018
	声光延延时开关 C2-019		触摸延时开关 C2-020
	调光开关 调速开关 C2-021		插卡取电 C2-022
	单联音响插座 双联音响插座 C2-023		16A三极插座 25A三极插座C2-024

1 2
3 4

2）120系列开关及插座名称与型号

120系列开关及插座名称与型号

外形	名称型号	外形	名称型号
	一位面板 F1-001		一位大板开关 F1-005
	二位面板 F1-002		小三位开关 F1-008
	三位面板 F1-003		一位中板开关 F1-006
	四位面板 F1-004		小二位开关 F1-007

续表

外形	名称型号	外形	名称型号
	16A三极插座 F1-009		电话插座 电脑插座 F1-013
	多功能插座 F1-010		门铃开关 F1-014
	小五孔插座 F1-011		触摸延时开关 声光控延时开关F1-015
	电视插座 F1-012		调光开关 调速开关 F1-016

(6)灯座与灯泡

1）灯座规格尺寸

灯座规格尺寸

外形	名称 型号	安装尺寸 /mm×mm	外形	名称 型号	安装尺寸 /mm×mm
	胶木插口平灯座2C15	ϕ40×35安装孔距34		胶木螺口吊灯座2C15A	ϕ43×64
	胶木螺口平灯座E12	ϕ35×23安装孔距27		胶木插口吊灯座2C15A	ϕ43×64
	胶木螺口平灯座E12	ϕ35×23安装孔距27		胶木螺口吊灯座(附开关）E27	ϕ40×74
	斜平装式胶水螺口灯座2C22	ϕ64×64安装孔距49.5		防雨胶木螺口吊灯座E27	ϕ40×57

2）节能灯泡名称与型号

节能荧光灯名称与型号

外形：外露形（U形、H形）　直筒形　斜筒形　球形管

型号	功率/W	外形	灯管类型
T6-A1	6	直筒形玻罩式	110～120V 60Hz 220～240V 50Hz 双U或双H
T6-A2		斜筒形玻罩式	
T6-A3		斜筒形外露式	
T8-A1	8	直筒形塑罩式	
T8-A2		斜筒形塑罩式	
T8-B1		直筒形外露式	
T8-B2		斜筒形外露式	
T10-A1	10	直筒形塑罩式	
T10-A2		斜筒形塑罩式	
T10-B1		直筒形外露式	
T10-B2		斜筒形外露式	

型号	功率/W	外形	灯管类型
T12-B1	12	直筒形外露式	双U 或双H
T12-B2		斜筒形外露式	
T14-A3	14	直筒形玻罩式	
T14-B1		直筒外露式	
T14-B2		斜筒形外露式	
T14-D1		球形花玻罩	单U 或单H
T14-D2		球形砂玻罩	
T14-D3		球形白玻罩	
JND-9	9	球 形 筒形塑罩	双U 或双H 单U 或单H
JND-11	11		
JND-13	13		
JND-15	15		
JND-18	18		

3）灯管规格尺寸

荧光灯规格尺寸

型号	功率/W	工作电压/V	工作电流/A	直径/mm	全长/mm
外形					
RR-6 RL-6	6	50±6	0.14	15±1	222.6
RR-8 RL-8	8	60±6	0.16	15±1	301.6
RR-10 RL-10	10	45±5	0.25	25±1.5	344.6
RR-15S RL-15S	15	58^{+6}_{-8}	0.30	25±1.5	450.6
RR-15 RL-15	15	50±6	0.33	38±2	450.6
RR-20 RL-20	20	60±6	0.35	38±2	603.6
RR-30S RL-30S	30	96^{+12}_{-10}	0.36	25±1.5	908.6
RR-30 RL-30	30	81^{+12}_{-10}	0.405	38±2	908.6
RR-40S RL-40S	40	108^{+11}_{-10}	0.41	38±2	1213.6
RR-100 RL-100	100	92±11	1.5	38±2	1213.6

注：RR—日光色荧光灯管；RL—冷光色；S—细管形。

（7）导体与绝缘材料

1）聚氯乙烯绝缘胶带规格尺寸

聚氯乙烯绝缘胶带规格尺寸

外形	宽度/mm	长度/mm	厚度/mm 薄膜	厚度/mm 胶浆
	15±1	10±0.15 5±0.1	0.12 ±0.02 0.10 ±0.02	0.04 ±0.01
	20±1.2	10±0.15 5±0.1		
	25±1.5	10±0.15 5±0.1		

2）布绝缘胶带规格尺寸

布绝缘胶带规格尺寸

外形	宽度/mm	长度/mm	厚度/mm
	10±1	5±0.1 10±0.15 20±0.15	0.23 ～ 0.35
	15±1		
	20±1		
	25±1		
	50±1		

3）OT型接线端子规格尺寸

OT型接线端子规格尺寸

外形	型号	适用导线截面/mm²	紧固螺钉/mm	尺寸/mm 端部宽	尺寸/mm 长度	尺寸/mm 尾部宽
	OT0.5-3 OT0.5-4	0.35～0.5	3 4	6 8	14 16	1.2
	OT1-3 OT1-4	0.75～1	3 4	7.4 8.4	14.5 15.8	1.6
	OT1.5-4 OT1.5-5	1.2～1.5	4 5	8 9.8	17 19	1.9
	OT2.5-4 OT2.5-5	2～2.5	4 5	8.6 9.8	17.3 18.9	2.5

续表

外形	型号	适用导线截面/mm²	紧固螺钉/mm	尺寸/mm		
				端部宽	长度	尾部宽
	OT4-5 OT4-6	3 ～ 4	5 6	10 12	21.4 23.8	3.4
	OT6-5 OT6-6	5 ～ 6	5 6	11.6 13.6	21.4 23.8	4.1
	OT10-6 OT10-8	8 ～ 10	6 8	14 16	28.5 31.8	5.2
	OT16-6 OT16-8	16	6 8	16	31 33	6.9
	OT25-6 OT25-8	25	6 8	16	33	7.5
	OT35-8 OT35-10	35	8 10	18	41	9.0
	OT50-8 OT50-10	50	8 10	20	50	11
	OT70-8 OT70-10	70	8 10	22	55	13
	OT90-10 OT90-12	90	10 12	24	60	14.5

4）IT、UT型接线端子规格尺寸

IT型、UT型接线端子规格尺寸

外形	型号	适用导线截面/mm²	尺寸/mm		
			端部宽	长度	尾部宽
	IT1-2	1	1.9	15	1.6
	IT2.5-2	2 ～ 2.5	1.9	18	2.6
	IT4-3	3 ～ 4	2.9	21	3.2
	UT0.5-2	0.35 ～ 0.5	4.5	11	1.2
	UT1-3	0.75 ～ 1	6	14.5	1.6
	UT1-4		7.2	16	
	UT1.5-4	1.2 ～ 1.5	8	16.5	1.9
	UT1.5-5		9.5	18	
	UT2.5-4	2 ～ 2.5	8	16.8	2.6
	UT2.5-5		9	18	
	UT4-5	3 ～ 4	10	20	3.2
	UT4-6		12	21	

5）BV、BLV型单芯线的主要技术数据

BV、BLV型单芯线的主要技术数据

外形	标称截面/mm²	线芯结构/(n/m)	最大外径/mm	标称截面/mm²	线芯结构/(n/m)	最大外径/mm	备注
	0.2	1/0.5	1.4	10	7/1.33	6.6	只有BV型线有
	0.3	1/0.6	1.5	16	7/1.7	7.8	
	0.4	1/0.7	1.7	25	7/2.12	9.6	
	0.5	1/0.8	2.0	35	7/2.5	10.9	
	0.75	1/0.97	2.4	50	19/1.83	13.2	
	1.0	1/1.13	2.6	70	19/2.4	14.9	
	1.5	1/1.37	3.3	95	19/2.5	17.3	
	2.5	1/1.76	3.7	120	37/2.0	18.1	
	4	1/2.24	4.2	150	37/2.24	20.2	
	6	1/2.73	4.8	185	37/2.5	22.2	

（8）常用金具

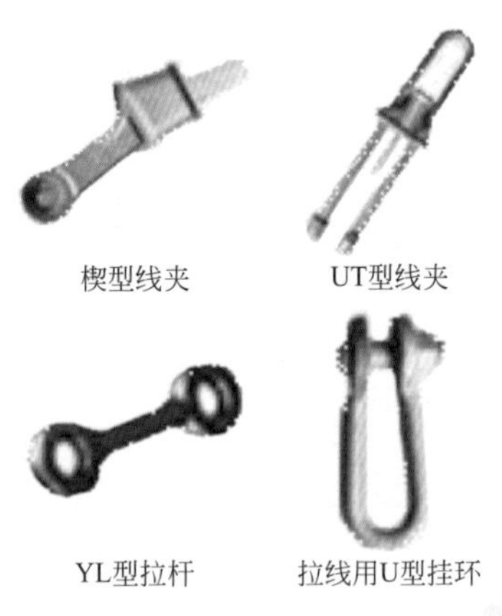

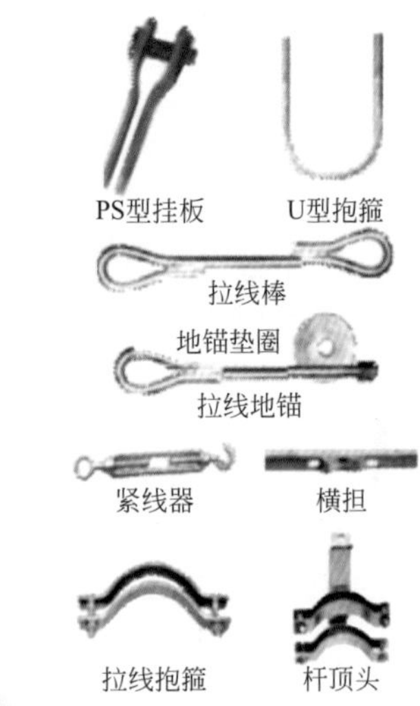

（9）常用绝缘子

1）低压针式绝缘子技术性能和外形尺寸

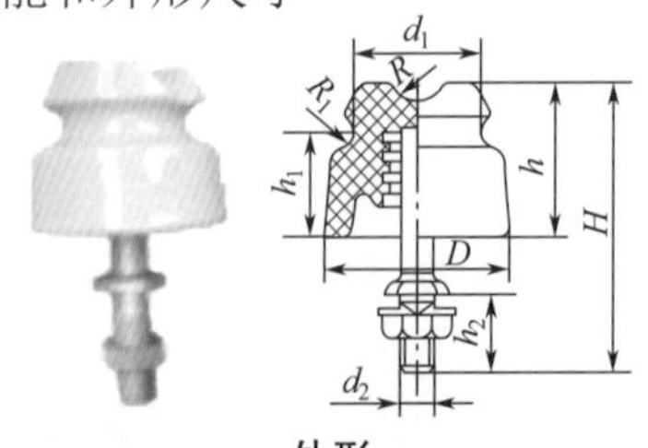

外形

型 号	主要尺寸/mm								
	H	h	h_1	h_2	D	d_1	d_2	R	R_1
PD-1T	145	80	50	35	80	50	16	10	10
PD-1M	220	80	50	110	80	50	16	10	10
PD-2T	125	66	45	35	70	44	12	8	8
PD-2M	195	66	45	105	70	44	12	8	8
PD-2W	155	66	45	55	70	44	12	8	8

注：PD—低压线路针式绝缘子，其后所带数字为形状尺寸序数。

“1”号为尺寸最大的一种，T、M、W分别表示为铁担直脚、木担直脚、弯脚。

2）低压蝶式绝缘子技术性能和外形尺寸

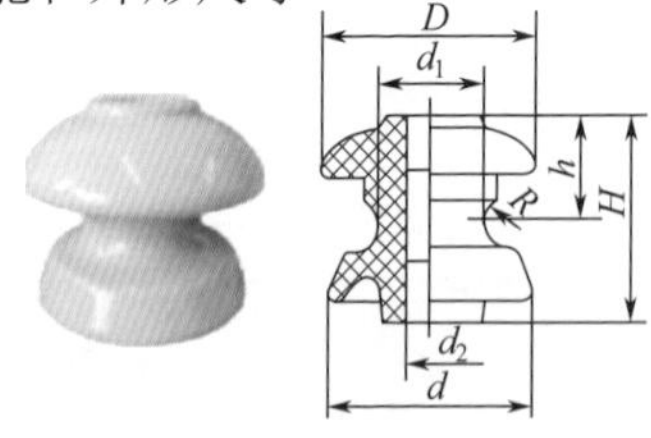

外形

型 号	主要尺寸/mm						
	H	h	D	d	d_1	d_2	R
ED-1	90	46	100	95	50	99	12
ED-2	75	38	80	75	42	20	10
ED-3	65	34	70	65	36	16	8
ED-4	50	26	60	55	30	16	6

第2章
给水排水施工

2.1 通用做法

2.1.1 钢管管道连接

(1) 常用弯管

1）半圆弯管

① 半圆弯管用于两管交叉又在同一平面上，半圆弯管绕过另一直管的管道。一般由两个弯曲半径相同的 60°（或 45°）弯管及一个 120°弯管组成。

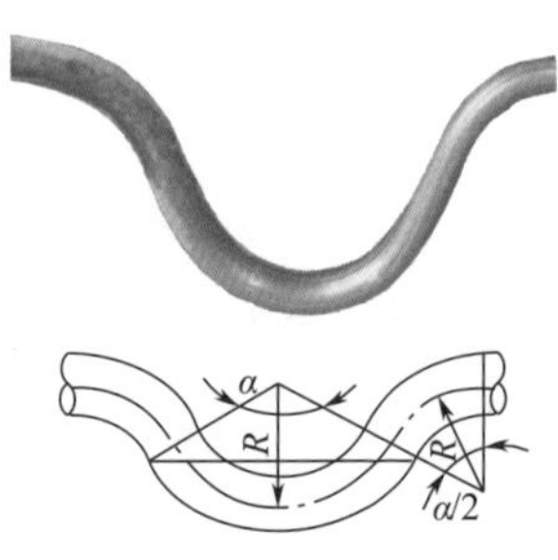

半圆弯管计算

② 制作时先弯中间半圆，再弯两侧半圆。

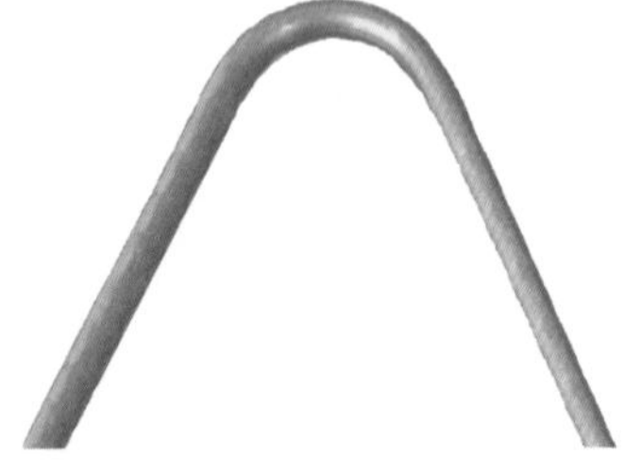
半圆弯管制作

2）乙字弯

① 乙字弯用作在室内采暖系统散热器进出口与立管的连接管，弯曲角度为 α，一般为 30°、45°、60°。可按几何条件求出：

$$l=\frac{H}{\sin\alpha}-2R\tan\frac{\alpha}{2}$$

当 $\alpha=45°$、$R=4D$，可化简求出 $l=1.414H-3.312D$。

每个弯管划线长度为 $0.785R=3.14D\approx3D$。

乙字弯的划线长 L

$L=2\times3D+1.414H-3.312D=2.7D+1.414H$

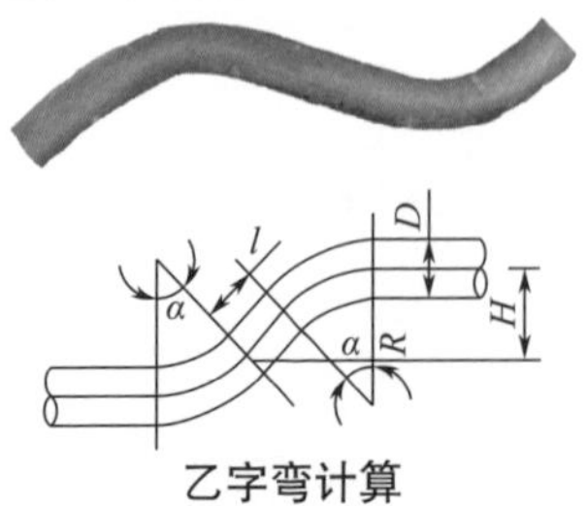

乙字弯计算

② 制作时先弯一个 60°，量出中间直线后再弯另一个 60°。

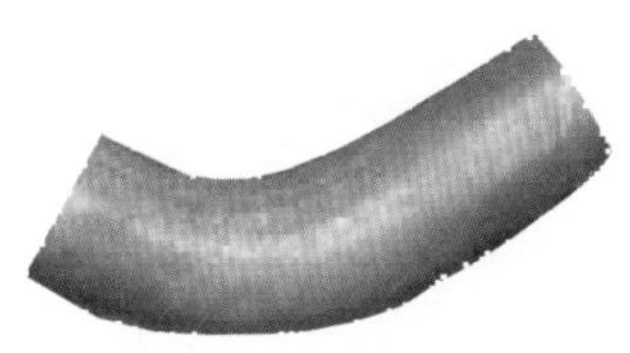

乙字弯制作

3）圆形弯管

① 圆形弯管用作安装压力表。其划线 L 长度为

$$L=2\pi R+\frac{2}{3}\pi R+\frac{1}{3}\pi r+2l$$

式中，第一项为一个整圆弧长，第二项为一个 120°弧长；第三项为两边立管弯曲 60°时的总弧长；立管弯曲段以外直管，一般取 100mm。按图示时，R 取 60mm，r 取 33mm，则划线长度 737.2 mm。

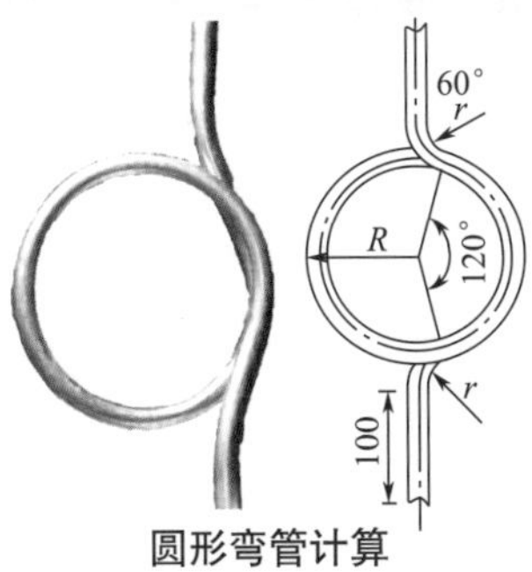

圆形弯管计算

② 制作时先弯出两个 120°，再弯两个 60° 。

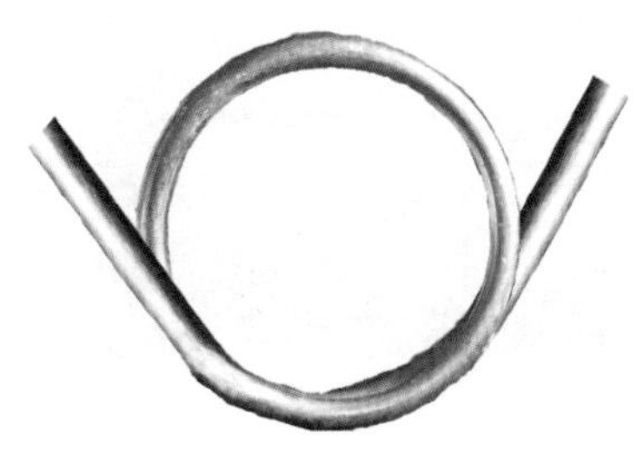

圆形弯制作

（2）钢管的螺纹连接

1）短螺纹与阀门的连接

① 将油麻丝从管螺纹第 2、3 牙开始沿螺纹按顺时针缠绕，然后再在麻丝表面上均匀地涂抹一层铅油。

缠绕填料

② 将阀门（管件）螺纹拧入管端螺纹 2 ～ 3 牙。

安装阀门

③ 用管子钳夹住靠管端螺纹阀门端部，按顺时针方向拧紧阀门。

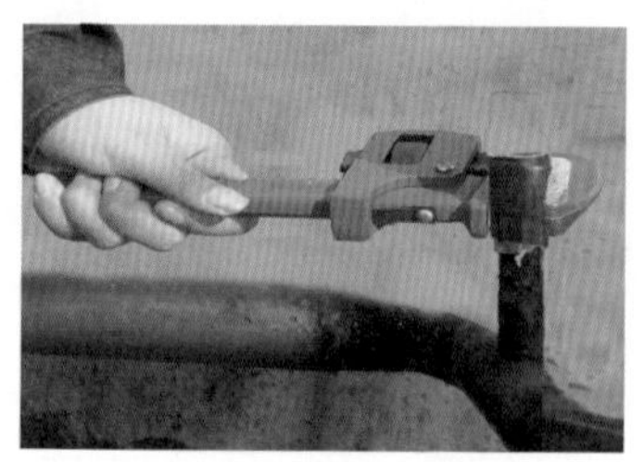

紧固

2）阀门与短螺纹的连接

① 将另一管段的带螺纹端缠好填料，并拧入已连接好的阀门中 2 ～ 3 牙。

安装短螺纹

② 一手用管子钳夹住已经拧紧的阀门一端保持阀门位置不变，另一只手再用管子钳慢慢拧需拧紧的管段。

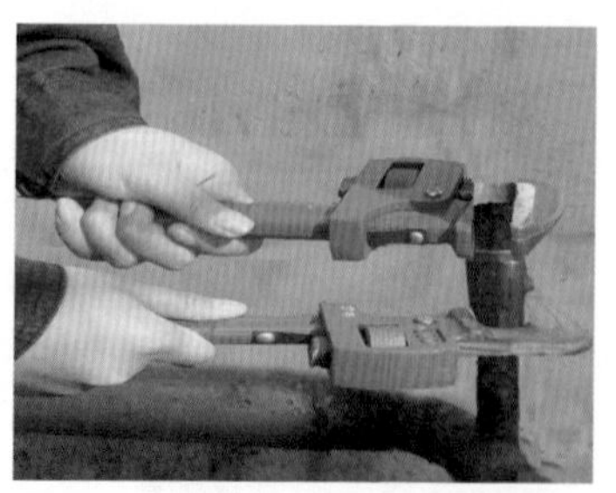

紧固

3）长螺纹连接

① 安装前，短螺纹的一端如有管件时，应缠好填料，并应预先将锁紧螺母拧到长螺纹的底部。然后不要缠填料，将长螺纹全部拧入散热器内。

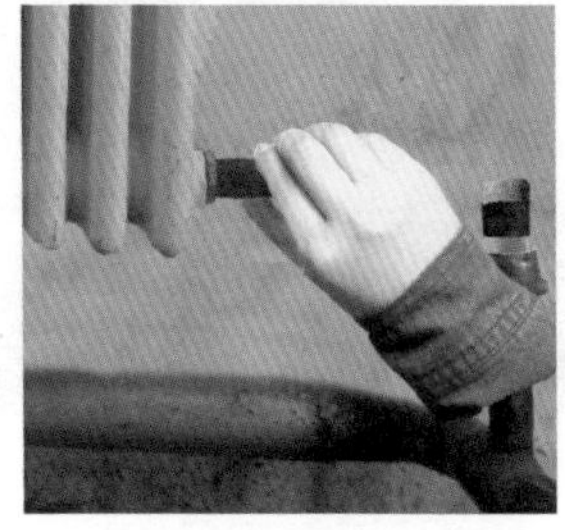
旋入散热器

② 往回倒出，与此同时，使管子的另一端的短螺纹按短螺纹连接方法拧入管件中或达到预定位置。

旋出并与器具连接

1 2
3 4

③ 拧转锁紧螺母，使锁紧螺母靠近散热器。当锁紧螺母与散热器有 3 ～ 5 mm 间隙时，在间隙中缠以适量的麻丝或石棉绳，缠绕方向要与锁紧螺母旋紧的方向相同，以防填料松脱，再用合适的扳手拧转锁紧螺母，并压紧填料。

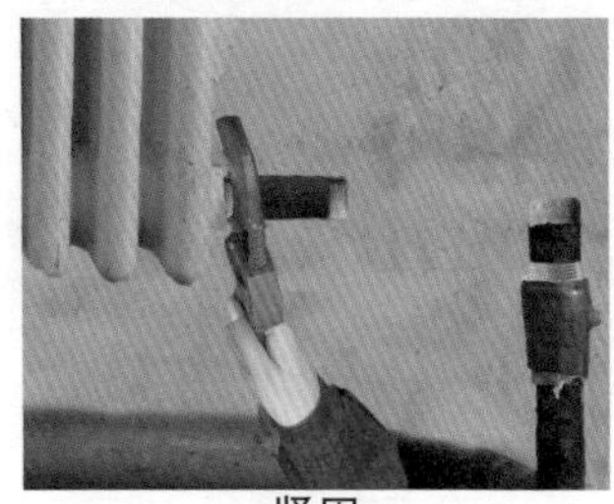
紧固

4）活接头连接

① 将套母放在公口一端，并使套母有内螺纹的一面向着母口，分别将公口、母口与管子短螺纹连接好，其方法同短螺纹连接方法一样。

安装公口、母口

②将长螺纹旋出，使公口、母口对正，在公口处加上石棉纸板垫或胶板垫，垫的内、外径应与插口相符。拧紧锁紧螺母。

对正

③拧紧套母连接公口和母口。如公口、母口不对平找正，应及时纠正。

连接公口、母口

2.1.2 支架的安装方法

（1）膨胀螺栓固定支架安装

按支架位置划线，定出锚固件的安装位置，用冲击电钻，在膨胀螺栓的安装位量处钻孔，孔径与套管外径相同，孔深为套筒长度加15mm并与墙面垂直。

膨胀螺栓安装

（2）预埋铁件焊接支架安装

在预埋钢板或钢结构型钢上划线，定出支架的安装位置。

采用焊条电弧焊将支架横梁口点焊固定，用水平尺和锤子来找平找正，最后完成全部焊接。

预埋件焊接

（3）弯管固定托架

当水平管道向上垂直弯曲成为立管敷设时，除在立管上安装支承立管支架外，在弯管处还要用固定托架将立管托住。

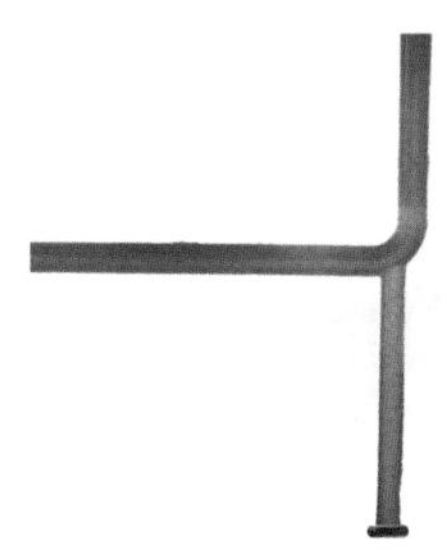

弯管托架

2.1.3 PVC塑料管的连接

（1）塑料管的切断

① 塑料（铝塑）管用锯条切断时，应直接锯到底。使用厂家配套供应的专用割管器进行裁剪时，应先打开剪口。

打开剪口

1 2
3 4

② 将量好的管子放入剪口。

入管

③ 稍转动管子边进行裁剪，使刀口易于切入管壁，刀口切入管壁后，应停止转动PVC管，继续裁剪，直至管子切断为止。

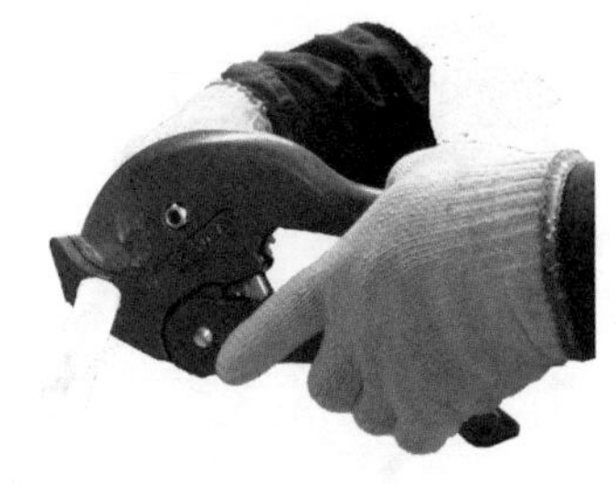

渐进加力剪断

（2）塑料管的连接

1）冷态粘接。

① 先将开好坡口的管端承口内表面的油污擦干净，再用丙酮仔细擦拭。待干净后再在管端外表和插口内面涂抹 0.2 ～ 0.3mm 厚的由质量分数为 20％的过氯乙烯树脂和质量分数为 80％的丙酮相混合的胶黏剂。

涂胶

② 将管端插入承口内即可。

插入承口

2）热熔连接

① 工具管径选择模具并安装在热熔机上。

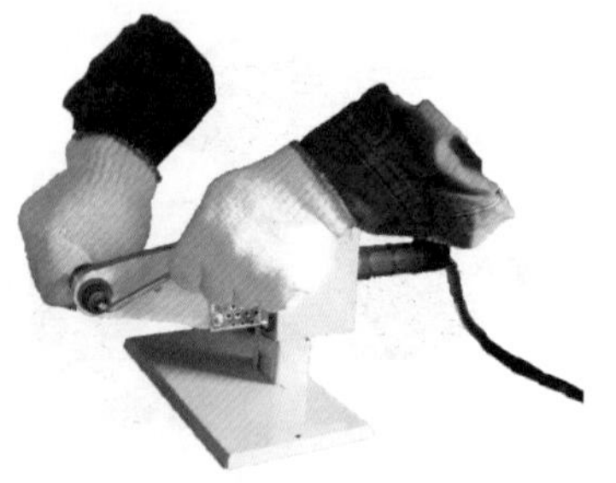

安装模具

② 接通电源绿色指示灯亮，表示热熔机开始工作。

接通电源

③ 红灯亮时表示温度达到设定值可以焊接。

升温

④ 将管子无旋转地分别插入加热头上，加热。

加热

1 2
3 4

⑤ 达到加热时间后，立即把管材与管件从加热套与加热头上同时取下。

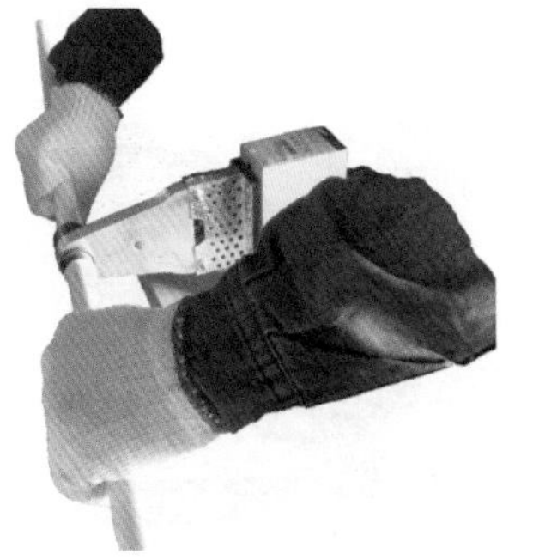

取出

⑥ 迅速无旋转地直线均匀插入到所标深度，使接头处形成均匀凸缘。

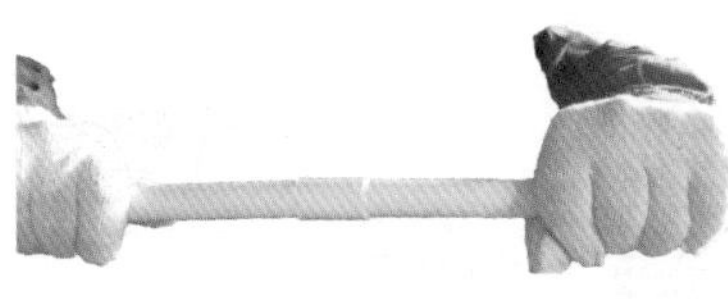

焊接

2.1.4 铝塑复合管的安装

（1）管与管的螺纹连接

① 用剪管刀将管子剪截成所要长度，穿入螺母及C形铜环。

插入C形环

② 将管件内芯接头的全长压入管腔。

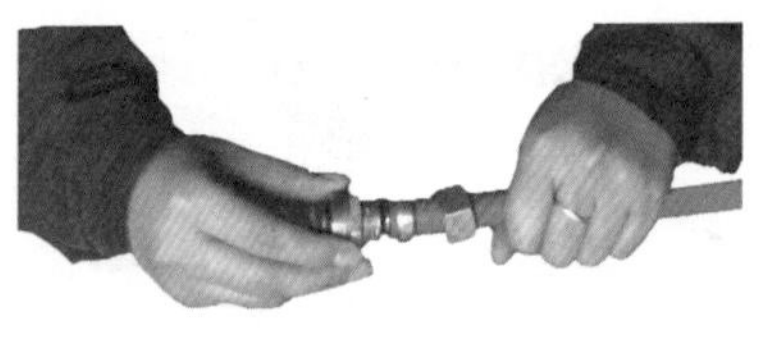

管件内芯压入管腔

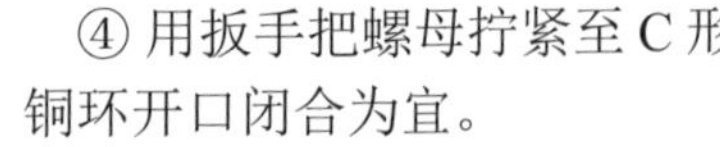

③ 拉回螺母和铜环，并将螺母带紧。

拉回C形环

④ 用扳手把螺母拧紧至C形铜环开口闭合为宜。

拧紧

（2）管与配件的连接

① 按管与管的连接方法将过渡管件与铝塑管连接。

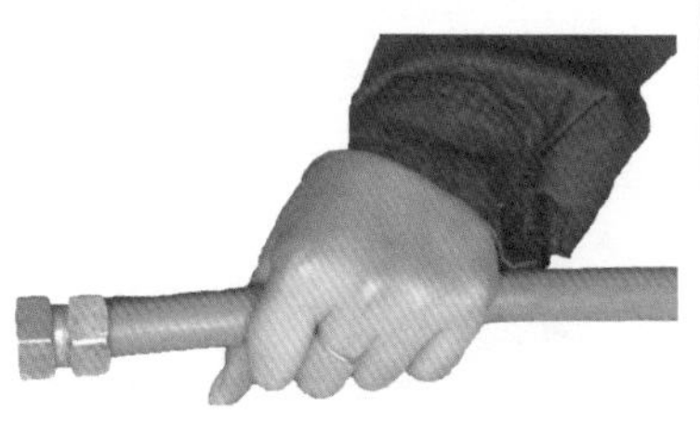

安装管接头

② 在管件上缠绕聚四氟乙烯生料带。

缠绕填料

③ 将配件旋入过渡管件螺纹。

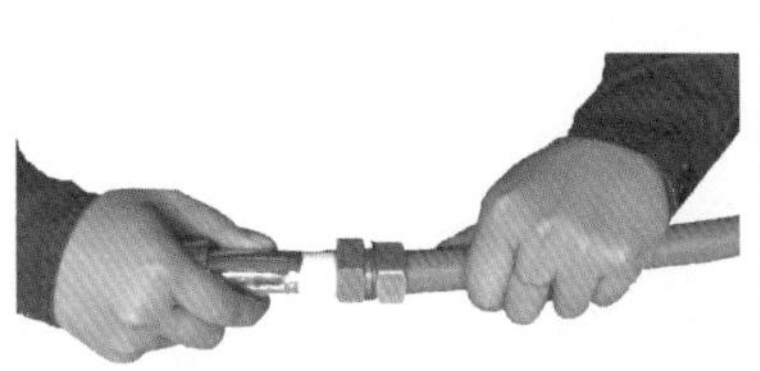

插入管螺纹

④ 用管子钳拧紧。

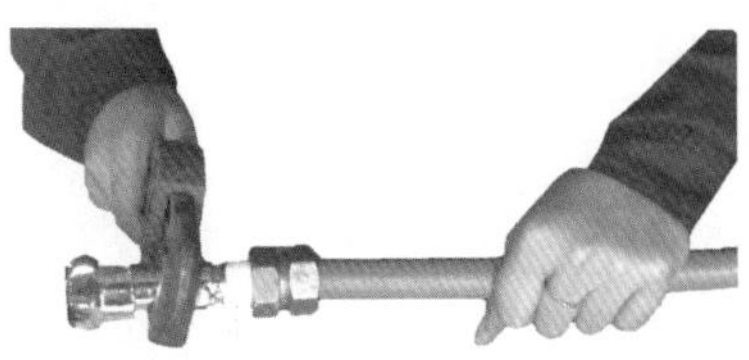

拧紧

2.2 室内给水管道安装

2.2.1 室内给水管道的组成与布置

（1）室内给水管道的组成

室内给水系统一般由引入管、水表节点、水平干管、立管、支管、卫生器具的配水嘴或用水设备组成。

此外，当室外管网中的水压不足时，尚需设水泵、水箱等加压设备。

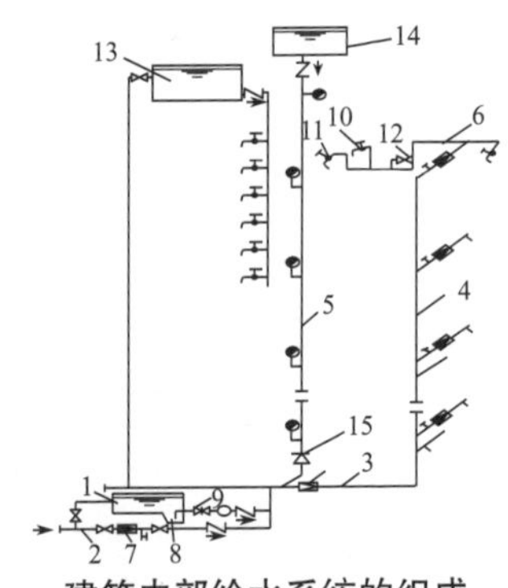

建筑内部给水系统的组成

1—储水池；2—引入管；3—水平干管；4—给水立管；5—消防给水立管；6—给水横支管；7—水表节点；8—喇叭口；9—水泵；10—盥洗龙头；11—冷水龙头；12—角形截止阀；13—高位生活水箱；14—高位消防水箱；15—倒流防止器

1 2
3 4

（2）室内给水管道的布置

1）下行上给式

水平干管直接埋设在底层或设在专门的地沟内或设在地下室天花板下，自下而上供水。

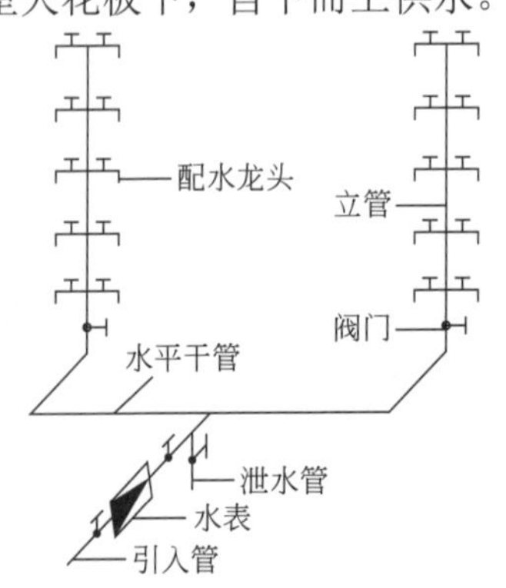

下行上给式给水系统

2）上行下给式

水平干管明设在顶层天花板下或暗设在吊顶层内，自上而下供水。

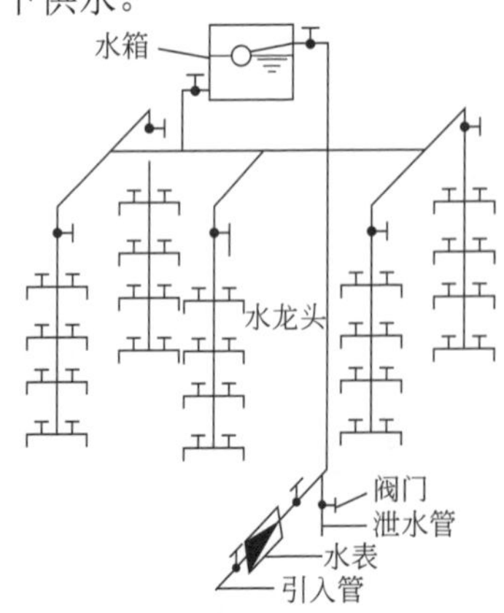

上行下给式给水系统

3）中行分给式

水平干管设在建筑物底层楼板下或中层的走廊内，向上、下双向供水。

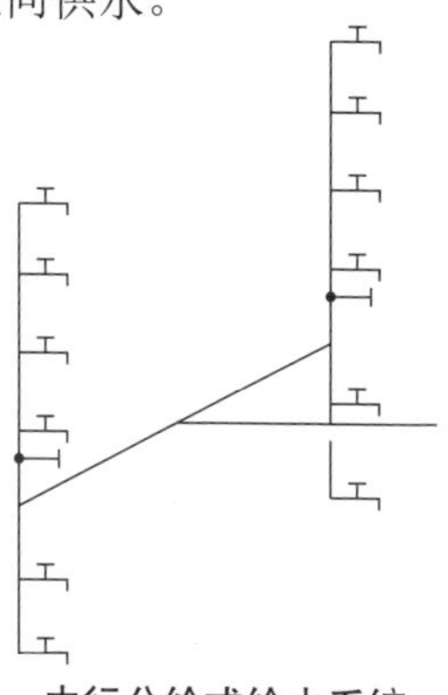

中行分给式给水系统

4）环状式

环状式给水系统分为水平环状式和立管环状式两种。前者为水平干管支架连成环状，后者为立管之间连成环状，如图所示。管道布量力求长度最短，尽可能呈直线走向，一般与墙、梁、柱平行布置。埋地给水管道应避免布置在可能被重物压坏或设备振动处，管道不得穿过生产设备基础。

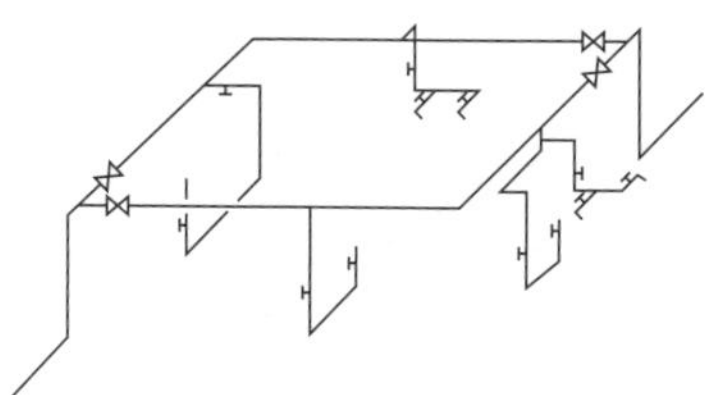

环状式给水系统

（3）室内给水管道的敷设

1）明装

管道在建筑物内沿墙、梁、柱、地板暴露敷设。这种敷设方式的优点是：造价低，安装维修方便；缺点是：由于管道表面易积灰、产生凝结水而影响环境卫生和房屋美观。一般民用和工业建筑中多采用明装。

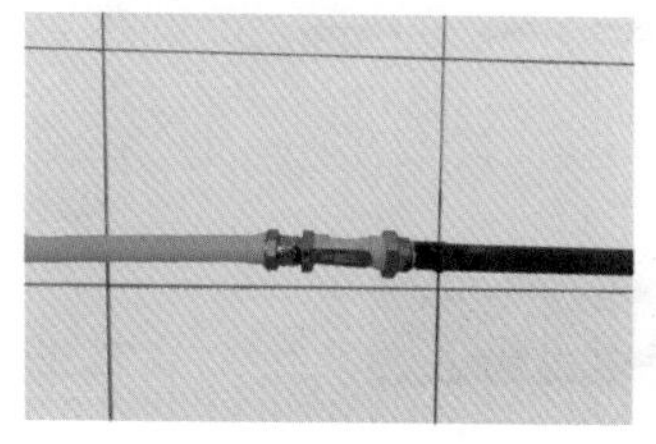

室内上水管道明装

2）暗装

管道敷设在地下室、天花板下或吊顶中，或在管井、管槽、管沟中隐蔽敷设。这种敷设方式的优点是：室内整洁、美观；缺点是：施工复杂，维护管理不便，工程造价高。

室内上水管道暗装

2.2.2 给水管道的安装方法

（1）预留孔的做法

管道穿过基础、墙壁和楼板时，应配合土建留洞和预埋套管等。

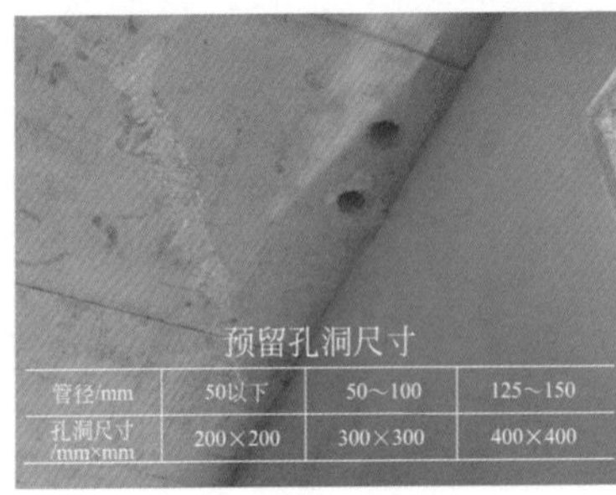

预留孔洞尺寸

管径/mm	50以下	50～100	125～150
孔洞尺寸/mm×mm	200×200	300×300	400×400

管道穿楼板预留孔做法

（2）引入管安装

敷设引入管时，应有不小于0.003的坡度坡向室外。引入管穿建筑物基础时，应预留孔洞或钢套管。保持管顶的净空尺寸不小于150mm。预留孔与管道间空隙用黏土填实，两侧用质量比为1∶2的水泥砂浆封口。引入管的埋深，通常敷设在冰冻线以下20mm，覆土不小于0.7～1.0m。

管道穿楼板预留孔做法

（3）干管安装

明装管道的干管沿墙敷设时，管外皮与墙面净距一般为30～50mm，用角钢或管卡将其固定在墙上，不得有松动现象。

暗装管道的干管，当管道敷设在顶棚里，冬季温度低于0℃时，应考虑保温防冻措施。给水横管宜有0.002～0.003的坡度坡向泄水装置。

干管明装方法

（4）立管安装

① 立管一般沿墙、梁、柱或墙角敷设。立管的外皮到墙面净距离：当管径小于或等于32mm时，应为25～35mm；当管径大于32mm时，应为30～50mm。立管卡子的安装高度一般为1.5～1.8m。立管穿层楼板时，宜加套管。

立管明装方法

② 给水立管与排水立管并行时，应置于排水立管的外侧；与热水立管并行时，应置于热水立管的右侧。

立管上水、下水、暖气管位置

（5）支管安装

1）明装支管

将预制好的支管从立管甩口依次逐段进行安装，有阀门的应将阀门盖卸下再安装。核定不同卫生器具的冷热水预留口高度，位量是否准确，再找坡、找正后，栽支管卡件，上好临时螺纹堵头。

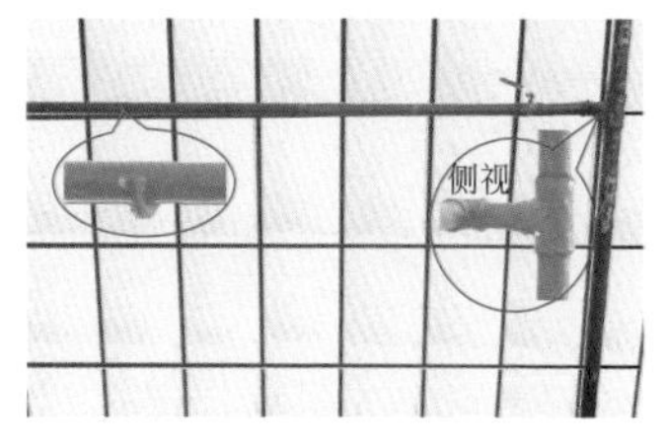

支管明装方法

2）暗装支管

给水支管的安装一般先做到卫生器具的进水阀处，以下管段待卫生器具安装后进行连接。

横支管暗装墙槽中时，应把立管上的三通口向墙外拧偏一个适当角度，当横支管装好后，再推动横支管使立管三通转回原位，横支管即可进入管槽中。找平、找正、定位后固定。

支管暗装方法

（6）水表的安装

① 安装时应使水流方向与外壳标志的箭头方向一致，不可装反。

② 水表前后均应设置阀门，并注意方向性。

③ 对于明装在建筑物内的分户水表，表外壳距墙表面不得大于 30mm，水表的后面可以不设阀门和泄水装置，而只在水表前装设一个阀门。

水表的安装

2.3 室内排水管道安装

2.3.1 室内排水管道的组成

室内排水系统由污（废）水收集器、器具排水管、排水横支管、排水立管、排出管、通气管和清通设备、抽升设备、局部污水处理构筑物组成。

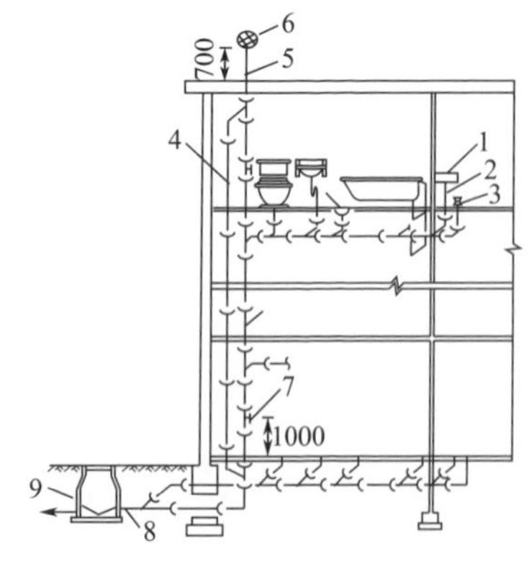

排水系统的组成

1—洗涤盆；2—支管；3—清扫口；4—通气立管；5—伸顶通气管；6—网罩；7—检查口；8—排出管；9—窨井

2.3.2 室内排水管道安装的几个问题

(1) 排水横支管的安装

1）悬吊敷设

悬吊管不得布置在遇水引起燃烧、爆炸或损坏的原料、产品和设备上面，不得敷设在生产工艺或卫生有特殊要求的生产房内，不得敷设在食品和贵重商品仓库、通风小室和变配电间内。

排水横支管的悬吊安装

2）地面暗装

埋地排水横管应避免布置在可能被重物压坏处。管道不得穿越生产设备基础。

排水横支管的地面暗装

(2) 排水立管的安装

1）孔洞预留

排水立管通常沿卫生间墙角敷设，对于现浇楼板应预留孔洞，没有预留时应用水钻打孔。

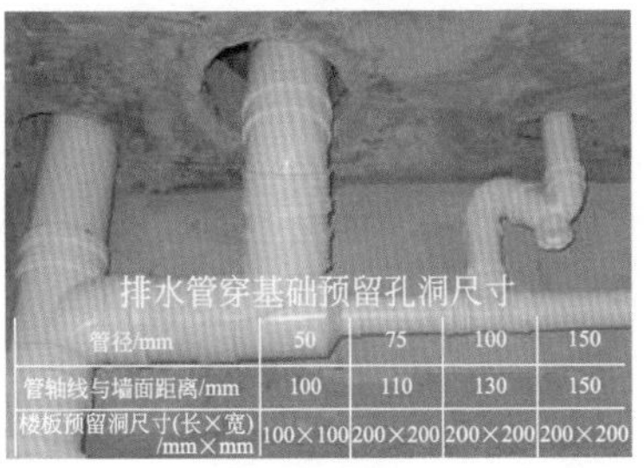

排水管穿基础预留孔洞尺寸

管径/mm	50	75	100	150
管轴线与墙面距离/mm	100	110	130	150
楼板预留洞尺寸(长×宽)/mm×mm	100×100	200×200	200×200	200×200

孔洞预留

2）安装方法

安装立管时，最好两人配合，一人在上层楼板上用绳拉，一人在下面托，把管子移到对准下层承口时将立管插入，下层的人要把甩口（三通口）的方向找正，随后吊直。

立管安装方法

3）墙角明装

如建筑物有特殊要求时，可在管槽、管井暗装。考虑到安装和检修方便，在检查口处设检修门。

排水立管的墙角明装

4）与排水支管的位置

接有大便器的污水管道系统如无专用通气立管或主通气立管时，在排出管或排水横干管管底以上 0.7m 的立管管段内不得连接排水支管。

没有通气立管的设置

1 2
3 4

5）检查口的设置

规定在立管上除建筑最高层及最低层必须设置外，可每个两层设置一个。检查口设置高度一般距地面 1m，应高出该层卫生器具上边缘 0.15m，与墙面成 45°夹角。

检查口的设置

6）伸缩节的设置

当层高小于或等于 4m 时，应每层设置一个伸缩节；当层高大于 4m 时，应按计算伸缩量来选伸缩节数量。住宅内安装伸缩节的高度为距地面 1.2m，伸缩节中预留间隙为 10 ～ 15mm。

伸缩节的设置

7）管井暗装

排水立管如建筑物有特殊要求时，可在管槽、管井暗装。考虑到安装和检修方便，在检查口处设检修门。

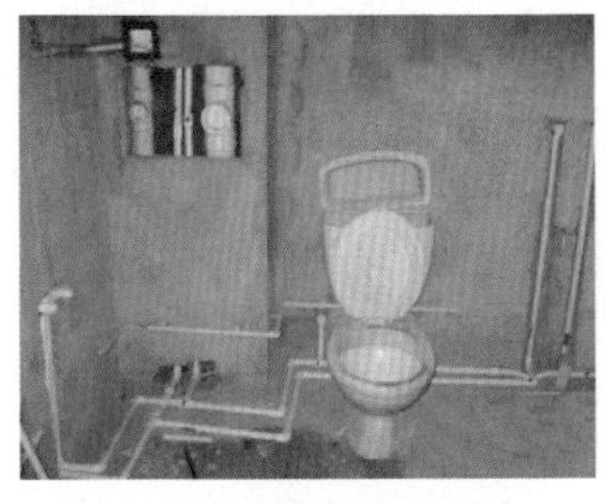

上下水管井暗装

（3）通气管安装

通气管应高出屋面0.3m以上，并且应大于最大积雪厚度，以防止雪掩盖通气管口。对于平屋顶，若经常有人逗留，则通气管应高出屋面2.0m。通气管上应做铁丝球（网罩）或透气帽，以防杂物落入。

通气管安装

（4）管道固定方法

1）吊顶横装

可采用吊卡固定。

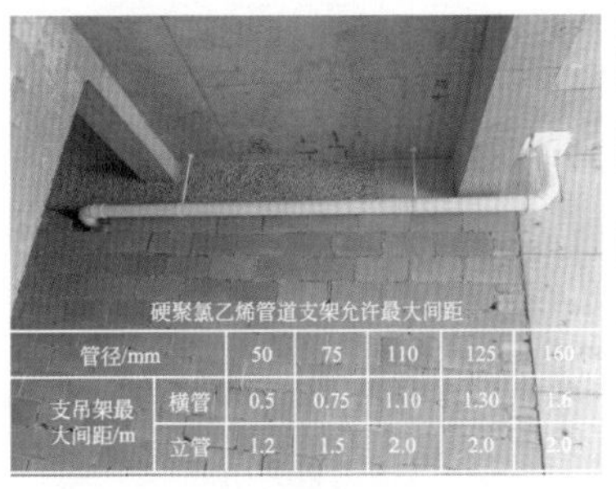

硬聚氯乙烯管道支架允许最大间距

管径/mm		50	75	110	125	160
支吊架最大间距/m	横管	0.5	0.75	1.10	1.30	1.6
	立管	1.2	1.5	2.0	2.0	2.0

吊顶横装

2）沿墙立管安装

可采用管卡固定。

沿墙立管

3）沿墙横装

可采用支架。

排水管的固定

2.4 室内采暖管道的安装

2.4.1 热水采暖系统的组成

室内热水采暖系统是由热水锅炉、供水管道、集气罐、回水管道、膨胀水箱及循环水泵组成。

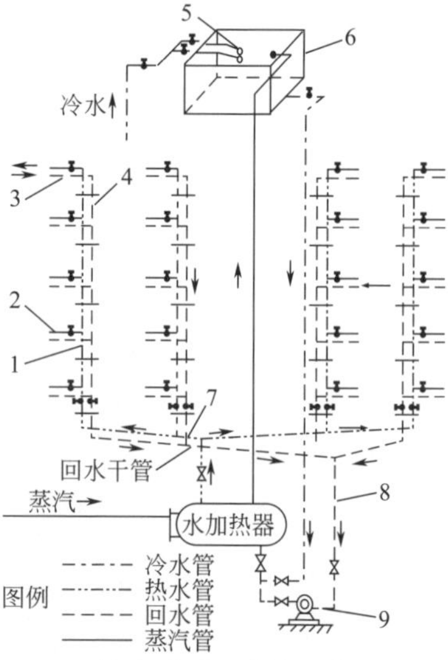

热水采暖系统的组成

1—配水立管；2—配水支管；3—回水支管；4—回水立管；5—浮球阀；6—给水箱；7—配水干管；8—回水总管；9—循环水泵

2.4.2 热水采暖系统管道的安装

（1）热力入口装置的安装

入口阀门采用法兰连接，管道采用焊接，闸阀采用法兰连接，其开关手柄应朝向外侧，以保证操作方便。

热力入口装置安装

（2）干管的安装

1）排气及泄水装置的设置

① 干管的高位点设排气装置。

排气装置设置

② 低位点设泄水装置。

泄水装置设置

2）孔洞预留

根据施工图的干管位置、走向、标高和坡度，弹出管子安装的坡度线。如未留孔洞时，应打通干管穿越的隔墙洞。

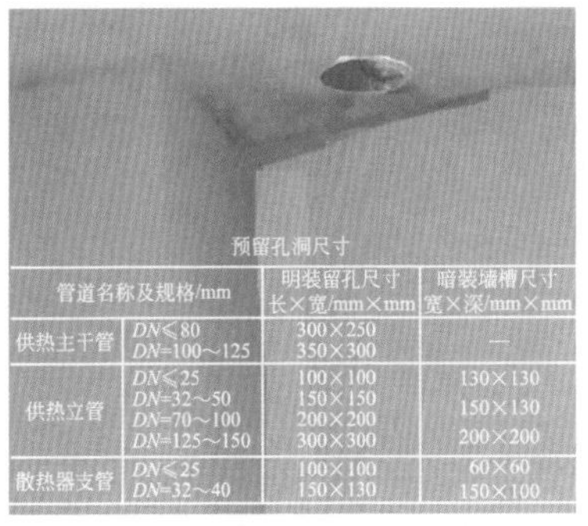

预留孔洞尺寸

管道名称及规格/mm		明装留孔尺寸 长×宽/mm×mm	暗装墙槽尺寸 宽×深/mm×mm
供热主干管	$DN\leqslant80$ DN=100～125	300×250 350×300	—
供热立管	$DN\leqslant25$ DN=32～50 DN=70～100 DN=125～150	100×100 150×150 200×200 300×300	130×130 150×130 200×200
散热器支管	$DN\leqslant25$ DN=32～40	100×100 150×130	60×60 150×100

孔洞预留

3）位置确定

通常确定安装平面的位置见上表。干管应具有一定的坡度通常为0.003，不得小于0.002。当干管与膨胀水箱连接时，干管应做成向上的坡度。通常干管坡向末端装置。

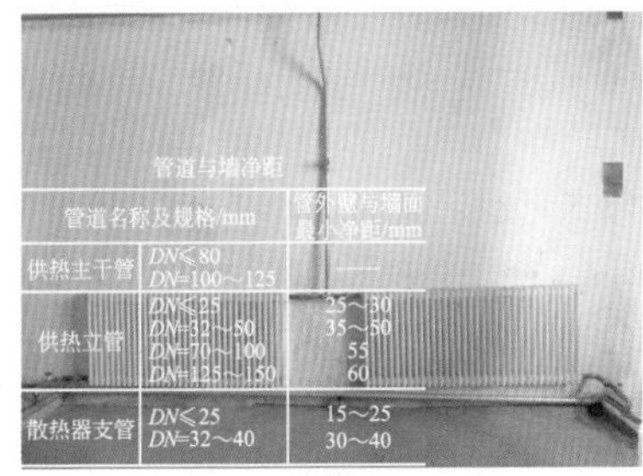

管道与墙净距

管道名称及规格/mm		管外壁与墙面最小净距/mm
供热主干管	$DN\leqslant80$ DN=100～125	—
供热立管	$DN\leqslant25$ DN=32～50 DN=70～100 DN=125～150	25～30 35～50 55 60
散热器支管	$DN\leqslant25$ DN=32～40	15～25 30～40

位置确定

4）干管通过建筑物的安装

① 采暖管道穿过墙壁和楼板时，一般房间采用镀锌铁皮套管，厨房和卫生间应用钢套管。安装穿楼板的套管时，套管上端应高出地面20mm，套管下端与楼板面相平。安装穿墙套管时，两端应与墙壁装饰面平。

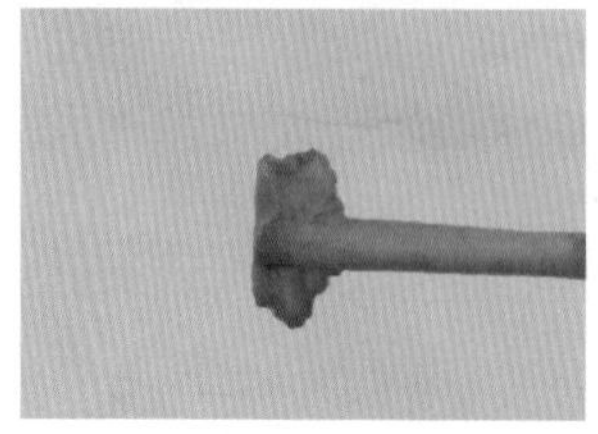

过墙

② 过口应设管沟，上加盖板。

过门

③ 过柱应用45°弯头焊接。

过柱

④ 过垛采用90°弯头焊接。

过垛

5）干管与支管连接

① 上侧采用乙字弯在干管上焊上短螺纹管头的方法，以便于立管的螺纹连接。

横干管与上侧支管的连接

② 下侧采用直接焊接短螺纹管头的方法，以便于与弯头的连接。

横干管与下侧支管的连接

（3）支管安装

支管安装时均应有坡度。当支管全长小于或等于500mm，坡度值为5mm；大于500mm时，坡度值为10mm。当一根立管连接两根支管时，其中任一根超过500mm，其坡度值均为10mm。当散热器支管长度大于1.5m时，应在中间安装管卡或托钩。

支管的安装

（4）热熔管道做法

① 热熔管与暖气片采用短螺纹加活接连接。

与暖气片活接连接

② 乙字弯采用两个45°弯头加短管制作。

乙字弯做法

③ 两管交叉时采用两个乙字弯绕过。

两管交叉

④ 绕过柱是用90°弯头预制。

绕过柱

⑤ 支架的设置与铝塑管相同。

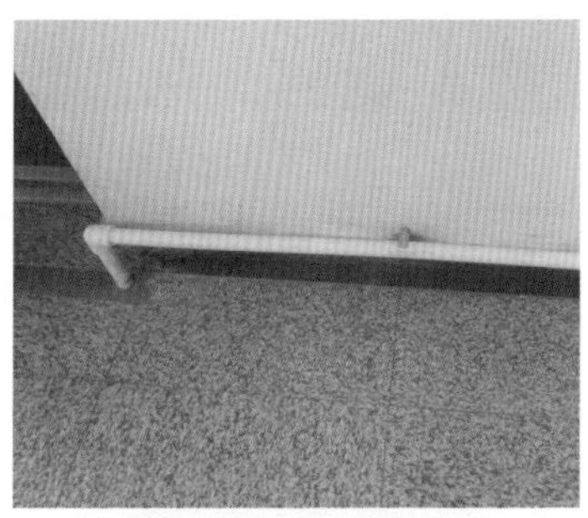

膨胀支架

⑥ 与铁管连接采用过渡件加活接。

与铁管连接

2.4.3 柱型散热器安装

(1) 挂壁安装

1) 定位

参照散热器外形尺寸表及施工规范，用散热器托钩定位画线尺、线坠，按要求的托钩数，分别定出上下各托钩的位置，放线、定位做出标记。

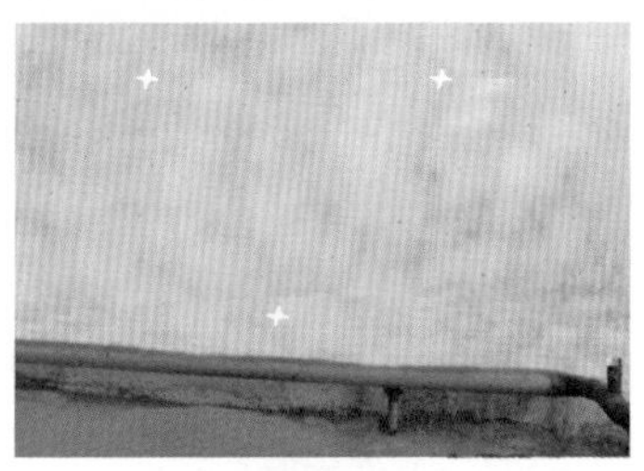

定位

2) 栽托钩

托钩位置定好后，用錾子或冲击钻在墙上按画出的位置打孔洞。固定卡孔洞的深度不少于 80mm，托钩孔洞的深度不少于 120mm，现浇混凝土墙的深度不少于 100mm。

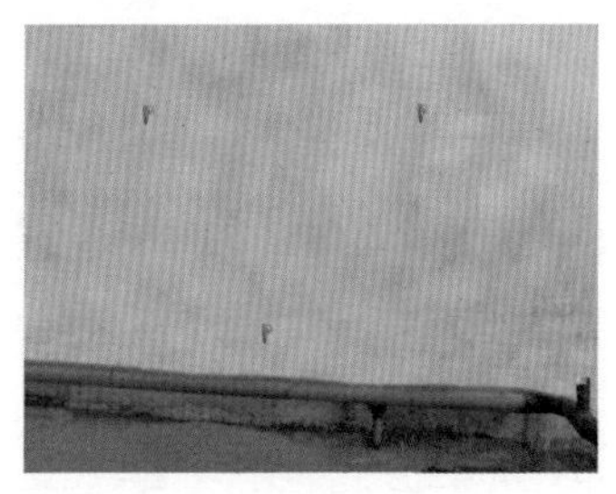

栽托钩

3）散热器就位

将散热器挂在托钩上，注意位置一定正确。

就位

4）安装管子

管子的安装参见干管与支管连接部分。

安装管子

（2）落地安装

1）托架安装

将预制好的托架放在设置位置，用水平尺找正找直。如果散热器安装在轻质结构墙上，还应设置固定卡。

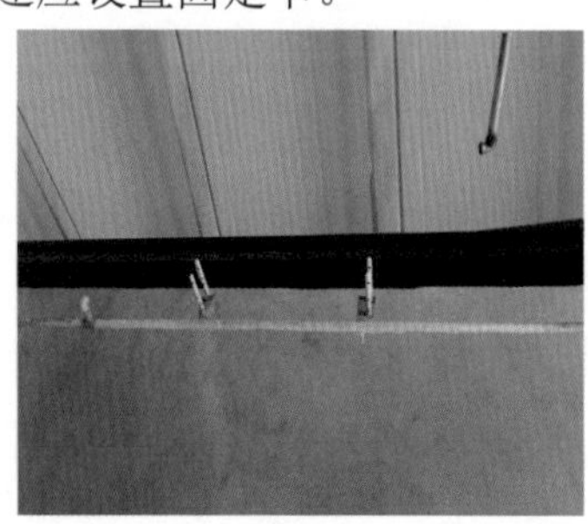

托架安装

2）放置散热片

将散热器轻轻抬起落座在托架上，用水平尺找平找正、找直、垫稳。

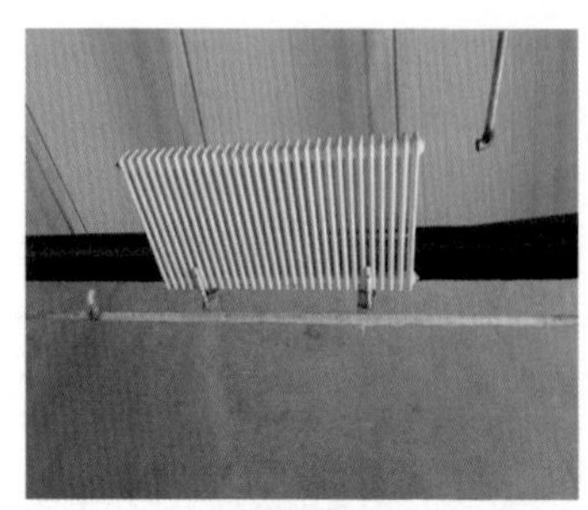

放置暖气片

3）配管

管子的安装参见干管与支管连接部分。

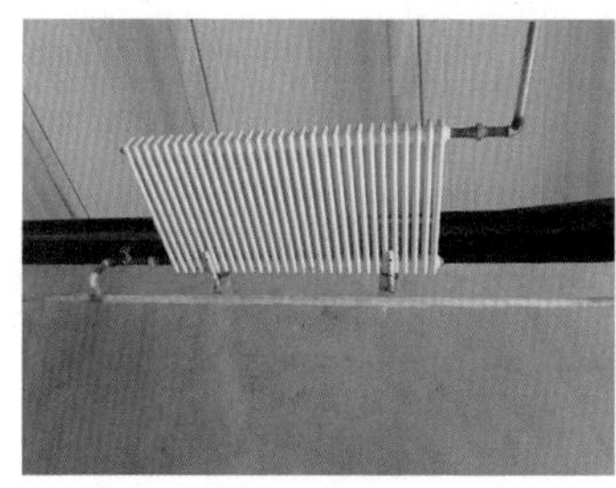

配管

2.5 卫生器具安装

2.5.1 通用做法

（1）大便器与洗面器距离

1）大便器与洗面器并列

洗面器与大便器并列，从大便器的中心至洗面器的边缘应不小于350mm，距边墙面不小于380mm。

大便器与洗面器并列

2）大便器与洗面器对面

① 大便器至对面墙壁的最小净距应不小于460mm。

② 洗面器设在大便器对面，两者净距不小于760mm。洗面器边缘至对面墙壁应不小于460mm。

大便器与洗面器对面

（2）冷热水管的距离

① 无论明装还是暗装冷热水支管的间距为70mm。

② 冷热水支管并排明装，冷水支管距地平应为380mm。

③ 安装高度允许偏差：单独器具 ±10mm、成排器具 ±5mm。

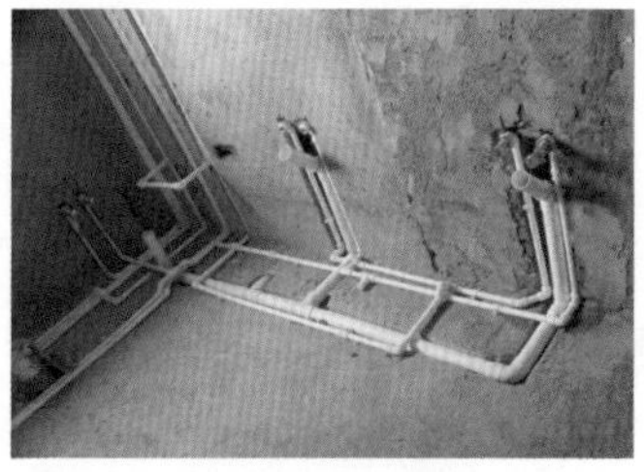

冷热水管距离

（3）水管暗装方法

1）镂槽

根据卫生器具预留安装位置，为了节省空间，可在墙上用钎子镂槽，槽的高度应略高于水管伸出墙的位置。

镂槽

2）配管

注意冷热水管的距离要求，固定点距离按有关规定进行。

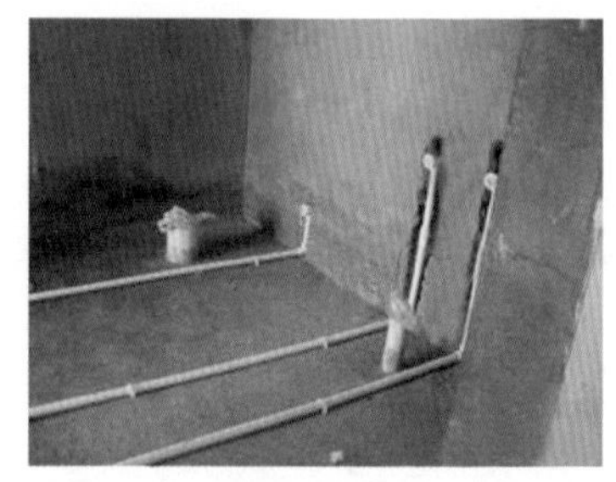

配管

（4）室内给水系统试压

1）注水

① 将室内给水引入管外侧管端用堵板堵严，在室内各配水设备不安装情况下，将敞开管口堵严，打开管路中各阀门，在试压管道系统的最高点处设置排气阀。

② 连接临时试压管路，向系统直接进水，待最高排气阀出水时关闭。过一段时间后，继续向系统内灌水，排气阀出水无气泡，表明管道系统已注满水。

注水

2）升压及强度试验

拆除临时管道，快速接上试压泵，先缓缓升至工作压力，停泵检查各类管道接口、管道与设备连接处，当阀门及附件、各部位无渗漏、无破裂时，可分 2～4 次将压力升至试验压力。待管道升至试验压力后，停泵并稳压 10min，对金属管及复合管，压力降不大于 0.02MPa，塑料管在试验压力下稳压 1h，压力降不大于 0.05MPa，表明管道系统强度试验合格。

试压

2.5.2　洗面器的安装

(1) 台上洗面器明装

1）配管

配管的方法同水管暗装。

配管

2）打孔

根据安装高度和支持板上孔距在墙上用电锤打孔。

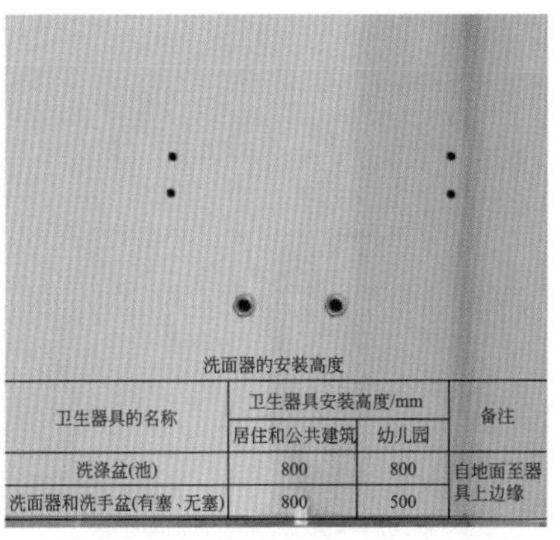

洗面器的安装高度

卫生器具的名称	卫生器具安装高度/mm		备注
	居住和公共建筑	幼儿园	
洗涤盆(池)	800	800	自地面至器具上边缘
洗面器和洗手盆(有塞、无塞)	800	500	

打孔

3）安装支持板

将支持板支架穿入膨胀螺栓，拧紧。

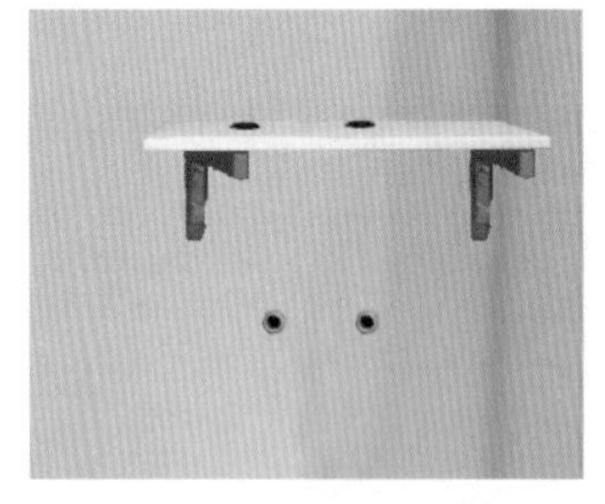

安装支持板

4）安装排水管

将洗面器放在支持板上，两孔对正，安装下水管并插入预留管密封。

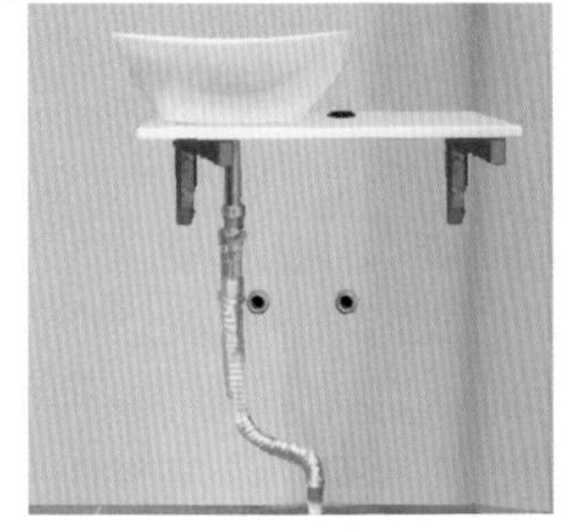

安装排水管

1 2
3 4

5）安装上水管

将水龙头固定在支持板预留孔上，用蛇皮管连接冷热水。

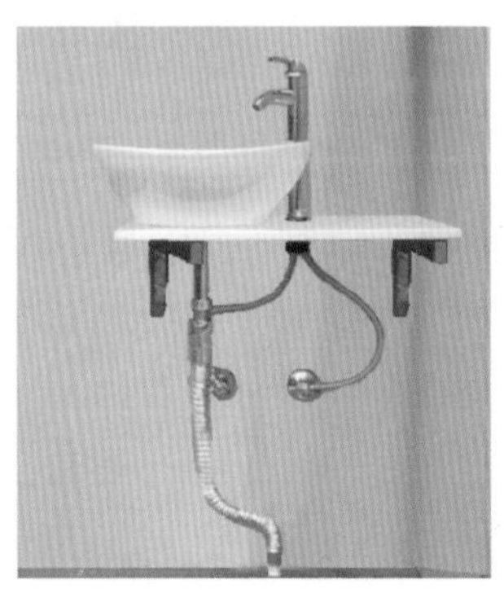

安装上水管

（2）台上洗面器暗装

① 暗装台上洗面器，给、排水管都一起镂槽下到墙内，注意水管距离不够时可以用石棉物隔离。

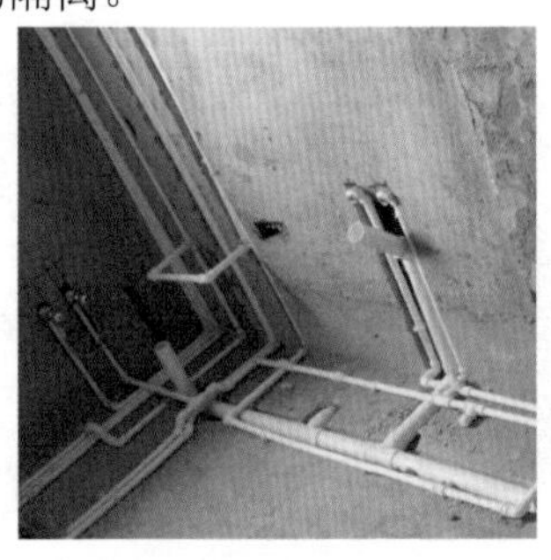

预埋水管

②安装方法与明装基本相同。注意存水弯与排水管连接时，应缠两圈油麻再用油灰密封。

安装水管

（3）挂壁式洗面器暗装

安装方法与台上洗面器基本相同，异径接头由塑料管件生产厂家提供。

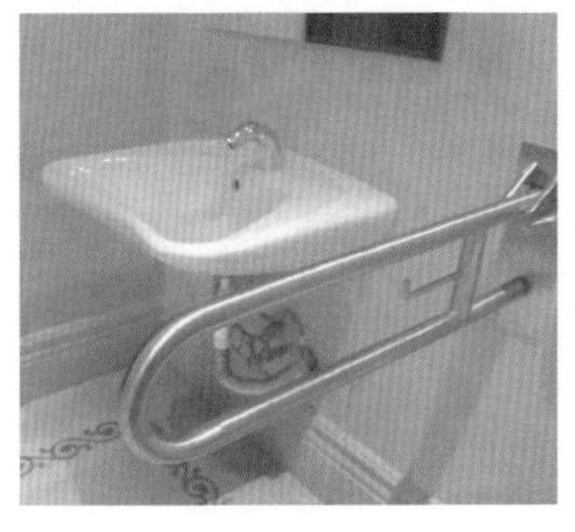

洗面器暗装

2.5.3 污水盆的明装

（1）排水口预留

根据安装位置预留排水口，待土建抹平地面。

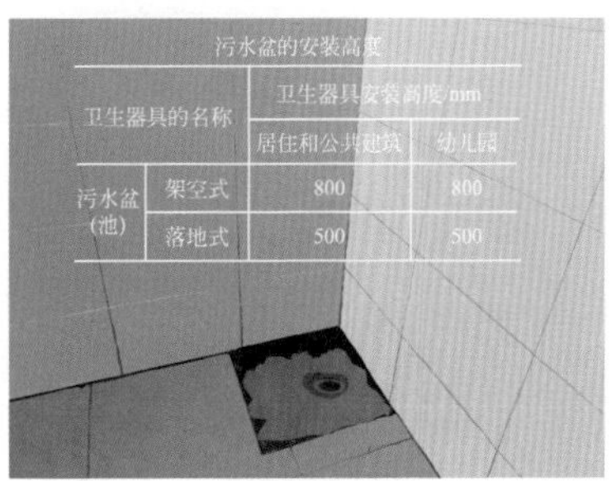

污水盆的安装高度

卫生器具的名称		卫生器具安装高度/mm	
		居住和公共建筑	幼儿园
污水盆（池）	架空式	800	800
	落地式	500	500

排水口预留

（2）安装底座

将底座放在地面上，放正、安稳，如果不平时，可用水泥砂浆填充，并将底座抹在一起。

安装底座

（3）放置水盆

放置水盆

（4）配管

配管

2.5.4 大便器的安装

（1）蹲式大便器的安装

1）抹油麻和腻子

先在预留的排水支管甩口上安装橡胶碗并抹油麻和腻子（一台阶P形存水弯在土建施工中已经安装好）。

抹油麻和腻子

2）安装大便器

采用水泥砂浆稳固大便器底，其底座标高应控制在室内地面的同一高度，将排水口插入排水支管甩口内，用油麻和腻子将接口处抹严抹平。用水平尺对便器找平找正，调整平稳。

安装大便器

3）连接冲洗管

冲洗管与便器出水口用橡胶碗连接，用14号铜丝错开90°拧紧，绑扎不少于两道。

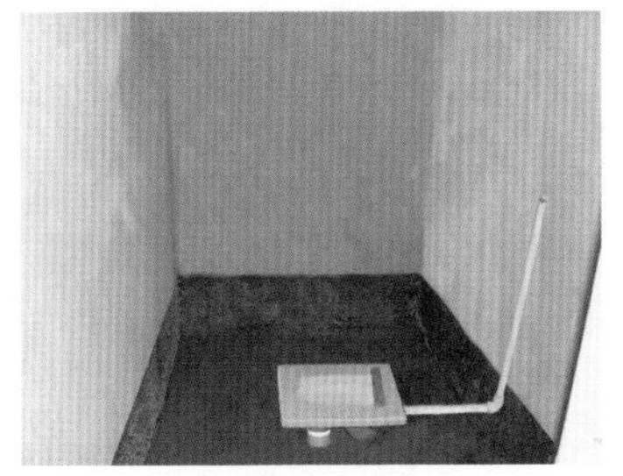

连接冲洗管

4）地面安装

橡胶碗周围应填细砂，便于更换橡胶碗及吸收少量渗水。在采用花岗岩或通体砖地面面层时，应在橡胶碗处留一小块活动板，便于取下维修。

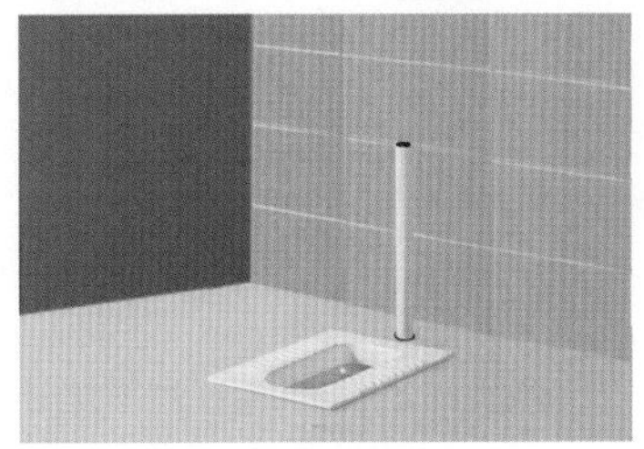

地面安装

5）配管

根据阀门安装高度和进水管方向，将塑料管预制后，逐一安装。

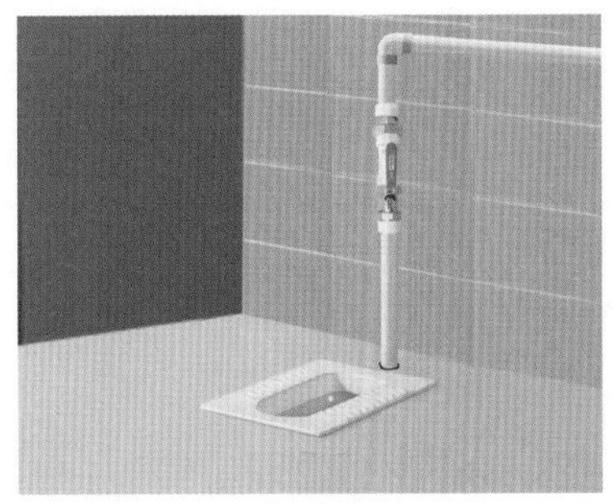

配管

6）高水箱式安装

采用高水箱安装时，在墙面画线定位，将水箱挂装稳固。若采用木螺钉，应预埋防腐木砖，并凹进墙面10mm。固定水箱还可采用简 ϕ6 以上的膨胀螺栓。

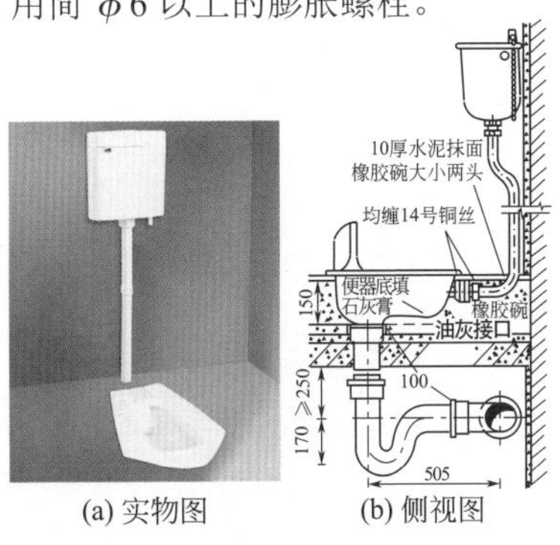

(a) 实物图 (b) 侧视图

高水箱蹲式大便器安装

（2）低水箱座式大便器的安装

1）预埋管子

根据安装位置进行给排水管子敷设。

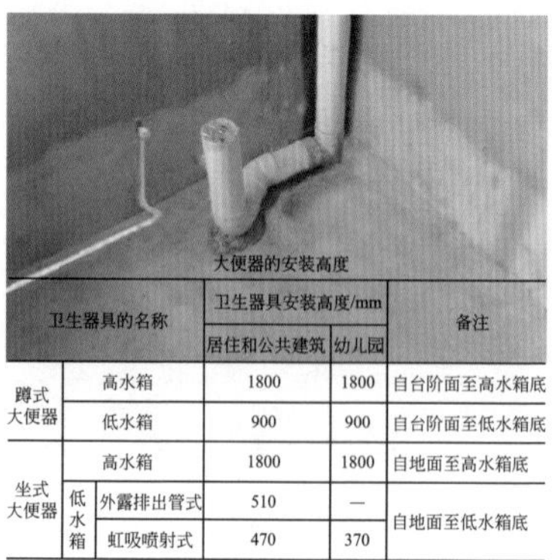

大便器的安装高度

卫生器具的名称			卫生器具安装高度/mm		备注
			居住和公共建筑	幼儿园	
蹲式大便器	高水箱		1800	1800	自台阶面至高水箱底
	低水箱		900	900	自台阶面至低水箱底
坐式大便器	高水箱		1800	1800	自地面至高水箱底
	低水箱	外露排出管式	510	—	自地面至低水箱底
		虹吸喷射式	470	370	

预埋管子

2）安装缩口

缩口内外都要涂抹密封胶。

安装缩口

3）安装大便器

将坐便器排出管口和排水甩头对准，找正找平，使坐便器落座平稳。

安装大便器

4）配管

大便器与上水管常用蛇皮管连接。

配管

5）外部密封

用玻璃胶封闭底盘四周。

外部密封

2.5.5 小便器的安装

（1）挂壁式小便器的明装

1）预埋

根据安装位置，将排水甩头布置好，由土建抹平地面。

小便器的名称	卫生器具安装高度/mm		备注
	居住和公共建筑	幼儿园	
挂式小便器	600	450	自地面至下边缘
小便槽	200	150	自地面至台阶面

预埋

2）安装反水湾

可以做成P形，也可做成S形。

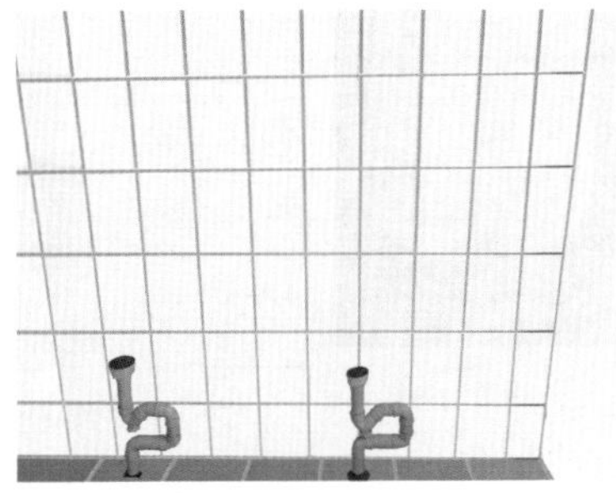

安装反水湾

3）打孔

根据安装位置用水钻在墙上打固定孔，条件允许时，可以预埋托钩。

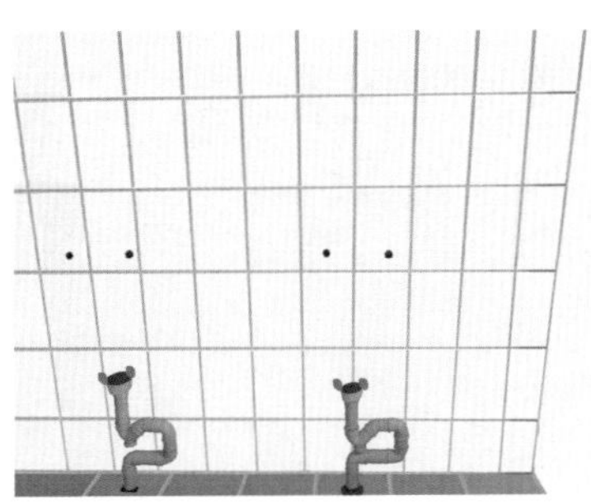

打孔

4）安装小便器

将小便器挂在托钩上，下侧用螺栓紧固。

安装小便器

5）配管

在分支进水处设置阀门一个，在各小便器入水口设置延时缓冲阀一个。

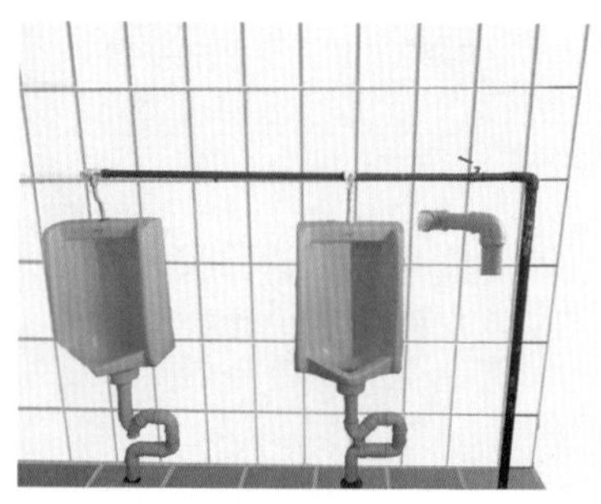

配管

(2) 暗装

土建做装饰墙面时，水暖工配合安装铜法兰和与其连接的钢管，并安装与小便器出水管相连接的塑料管。

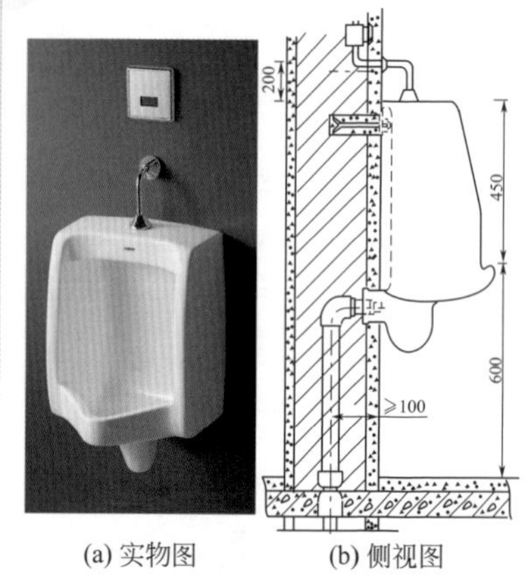

(a) 实物图　(b) 侧视图

挂壁式小便器暗装

(3)平面式小便器安装

参照挂壁式做法。

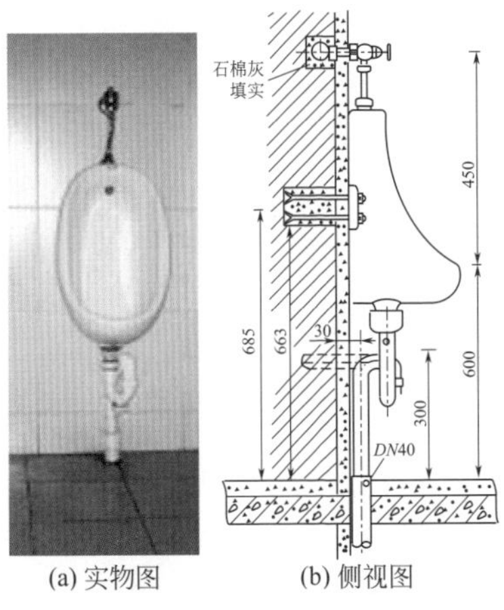

(a) 实物图　(b) 侧视图

平面式小便器安装

2.5.6 浴盆及淋浴器的安装

(1)淋浴器安装

1)管子敷设

安装后阀门距地面高度为1.15m。并注意冷热水管的间距。

管子敷设

2)预埋

预留内螺纹长度以镶贴后平齐为宜。

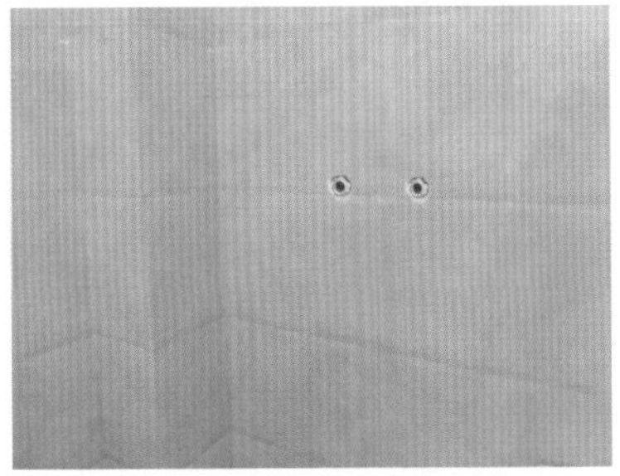

预埋

3)阀门安装

用活接头与冷、热水的阀门连接。

阀门安装

4）安装喷头

混合管上端应设一单管卡。先连上螺母，调整喷头高度和方向，最后拧紧螺母。

安装喷头

1
2

（2）浴盆安装

① 浴盆的溢水口与三通的连接处应加橡胶垫圈。排水管端部用石棉绳抹油灰。

② 给水管暗装时，配件的连接短管应先套上压盖，与墙内给水管螺纹连接，用油灰压紧压盖，使之与墙面结合严密。

③ 浴盆安装时应使盆底有2%的坡度坡向浴盆的排水口。

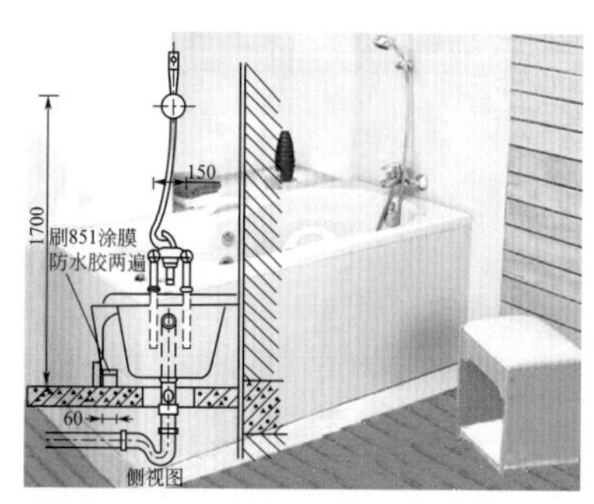

浴盆安装

第3章

配电线路的安装

3.1 架空线路的安装

3.1.1 电杆的安装

（1）电杆的种类

① 直线杆　位于线路的直线段上，占全部电杆数的80%以上，能承受导线、绝缘子、金具及凝结在导线上的冰雪重量，同时能承受侧面的风力。

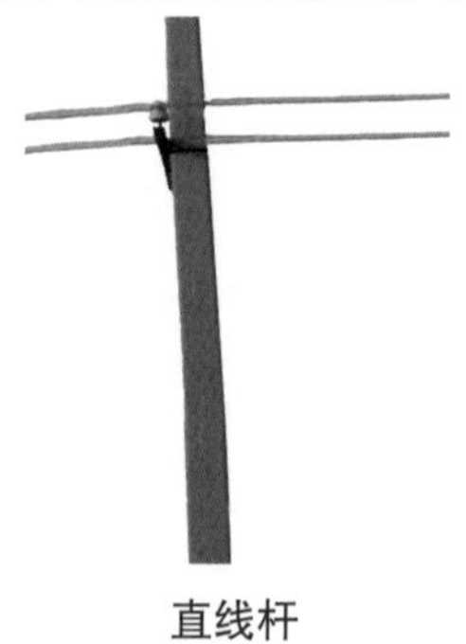

直线杆

② 耐张杆　位于线路直线段上的几个直线杆之间或有特殊要求的地方，能承受一侧导线的拉力，当线路出现倒杆、断线事故时，能将事故限制在两根耐张杆之间，防止事故扩大。在施工时还能分段紧线。

耐张杆

③ 终端杆　位于线路的终端或首端，承受导线的一侧拉力。转角在60°～90°时应采用十字转角耐张杆。

终端杆

④ 转角杆　位于线路改变方向的部位，能承受两侧导线的合力。转角在 15°～30°时，宜采用直线转角杆；转角在 30°～60°时，应采用转角耐张杆；当转角在 60°～90°时应采用十字转角耐张杆。

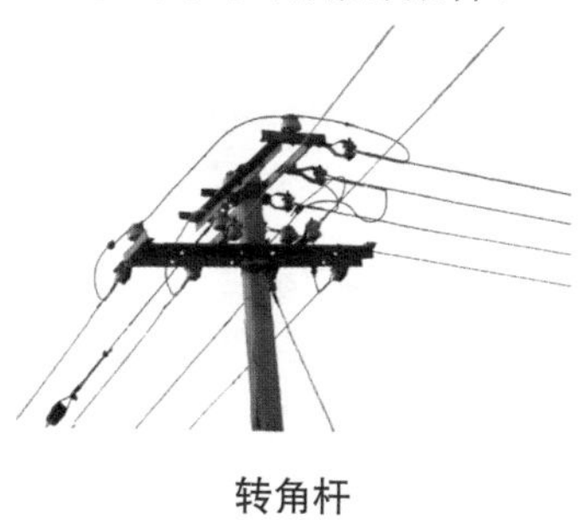

转角杆

⑤ 分支杆　位于线路的分路处，向一侧分支的为“T”形分支杆；向两侧分支的为“十”字形分支杆。

分支杆

（2）电杆的定位

1）直线单杆杆坑的定位

① 在直线单杆杆位标桩处立直一根测杆（又称花杆），再在该标桩和前后相邻的杆坑标桩沿线路中心线各立直一根测杆，若三根测杆沿线路中心线在一直线上，则表示该直线单杆杆位标桩位置正确。

检查杆位

② 在杆位标桩前后沿线路中心线各钉一个辅助标桩，将直角尺放在杆位杆桩上，使直角尺中心 A 与杆位标桩中心点重合，并使其垂边中心线 AC 与线路中心线重合，此时大直角尺底边 AB 即为线路中心线的垂线。

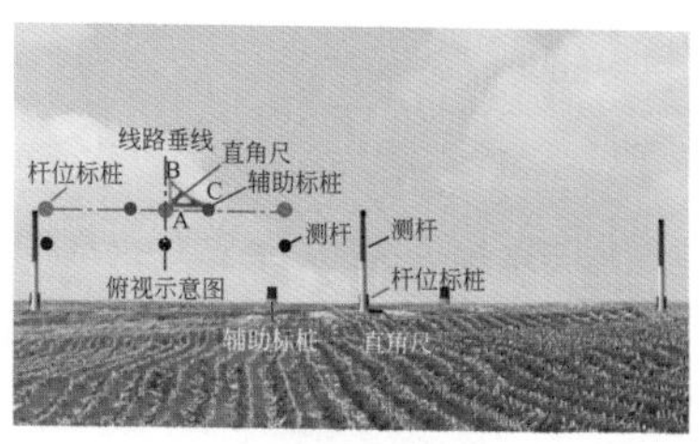

确定垂线

③ 在线路中心线的垂直线上于杆位标桩左右侧各钉一个辅助标桩，以便校验杆坑位置和电杆是否立直。

确定辅助标桩

2）直线门形杆杆坑的定位

① 用与前述同样的方法找出线路中心线的垂直线。

确定垂线

1 2
3 4

② 用皮尺在杆位标桩的左右侧沿线路中心线的垂直线各量出两根电杆中心线间的距离（简称根开）的 1/2，各钉一个杆坑中心桩。

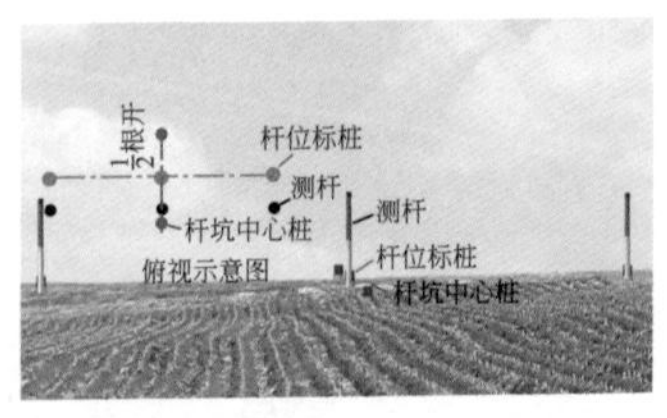

确定杆坑位置

3）转角单杆杆坑的定位

① 在转角单杆杆位标桩前后邻近四个标桩中心点上各立直一根测杆，从两侧各看三根测杆，若转角杆标桩上的测杆正好位于所看二直线的交叉点上，则表示该标桩位置正确。然后沿线路中心线在杆位标桩前后侧等距离处各钉一辅助标桩。

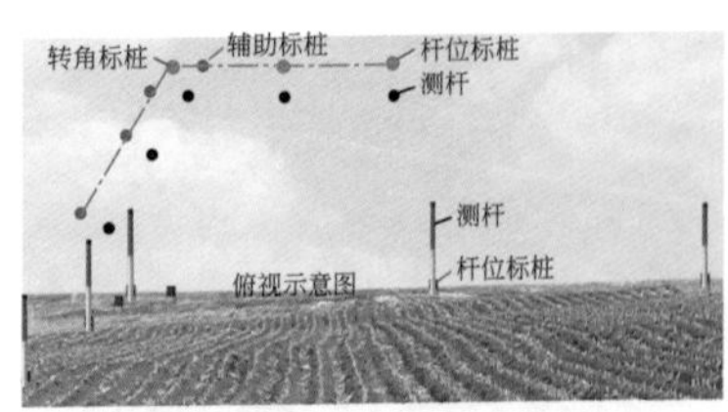

确定杆位位置

② 将大直角尺底边中点 A 与杆位标桩中心点重合，并使大直角尺底边 CD 与二辅助标桩连线平行，划出转角二等分线和转角二等分线的垂直线，然后在杆位标桩前后左右于转角二等分线的垂直线和转角二等分线上各钉一辅助标桩，以便校验杆坑挖掘位置和电杆是否立直用。

确定辅助标桩

4）转角门形杆杆坑的定位

① 用与单杆转角同样的方法检查转角门形杆位标桩位置是否正确，并沿线路中性线离杆位标桩等距离处各钉一辅助标桩。

② 用与单杆转角同样的方法划出转角二等分线和转角二等分线的垂直线。

③ 用直线门形杆相同的方法划出杆坑中心桩位置。

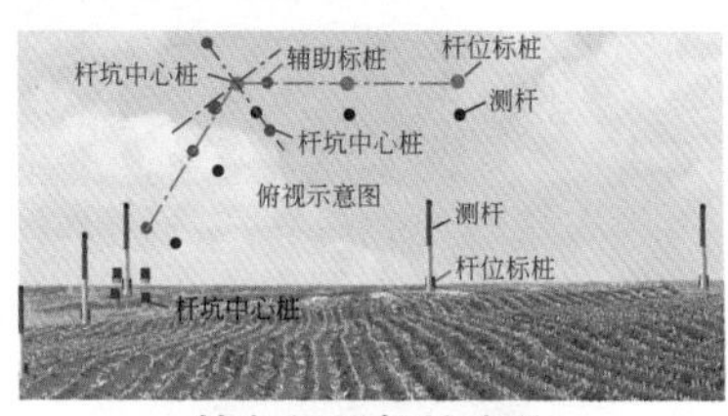

转角门形杆坑定位

(3) 挖杆坑

挖杆坑可采用镐和锹。杆坑的形状一般分为圆形杆坑和梯形杆坑。

圆形杆坑用于不带卡盘或底盘的电杆。

圆形杆坑

梯形杆坑用于杆身较高、较重及带有卡盘的电杆；坑深在 1.6m 以下者采用二阶杆坑。

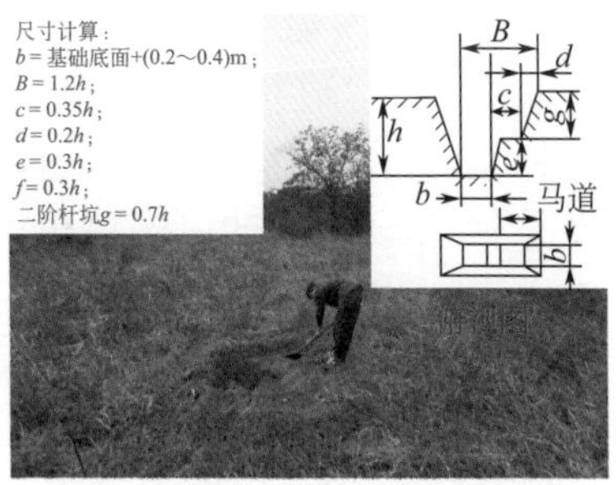

二阶梯形杆坑

坑深在1.8m以上者采用三阶杆坑。

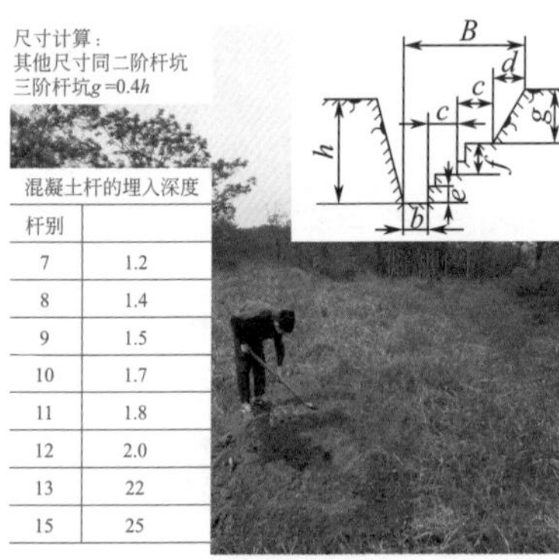

混凝土杆的埋入深度	
杆别	
7	1.2
8	1.4
9	1.5
10	1.7
11	1.8
12	2.0
13	22
15	25

三阶梯形杆坑

（4）竖杆

1）汽车起重机竖杆

起吊时由一人指挥，当杆接近竖直时，将杆根移至杆坑口，当电杆完全入坑后，应校直电杆。

汽车起重机竖杆

2）架杆（叉杆）竖杆

首先在电杆顶部的左右两侧及后侧拴上两根或三根直径为25mm拉绳，以控制杆身。先将杆根移至坑边，对正马道，然后将电杆根部抵住木滑板，由人力用抬扛抬起电杆头后，用2～3副架杆撑顶电杆，边撑顶，边交替向根部移动。当电杆竖起至30°左右时，抽出滑板，用拉绳牵引，电杆竖直、校直后填土，最后撤掉脱落绳。

叉杆竖杆

3）专用机具竖杆

该机具主要由三根钢管制成的活动三脚架，其吊钩通过顶部的滑轮组与主杆上的双速绞磨连接。

专用机具竖杆

（5）埋杆

回填土时，应将土块打碎，并清除土中的树根、杂草，每回填500mm土时，就夯实一次。

回填土后的电杆基坑应设置防沉土层。土层上部不宜小于坑口面积；土层高度应超出地面300mm。

埋杆

3.1.2 铁横担安装

（1）常见横担

1）直线横担

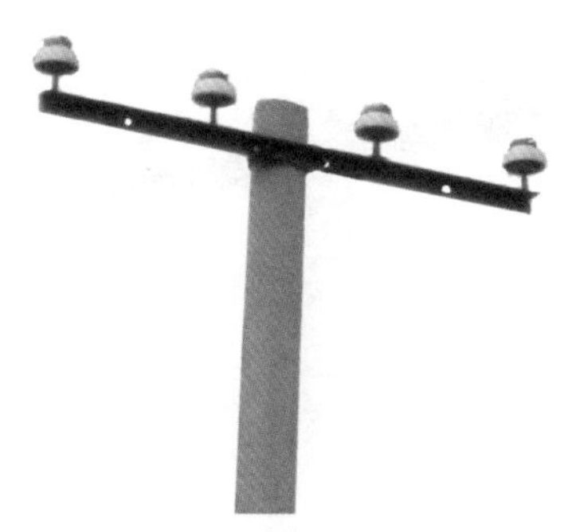

直线横担

2）直线分支横担

直线分支横担

3）直线转角分支横担

直线转角分支横担

4）直线转角横担

直线转角横担

5）转角横担

转角横担

6）终端横担

终端横担

(2) 铁横担安装

1）插入U形抱箍

离杆顶100mm处，将U形抱箍从电杆背部抱过杆身。

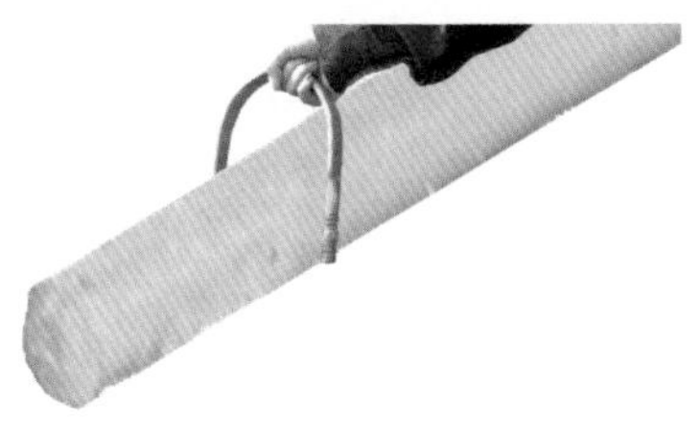

插入U形抱箍

2）固定横担

将U形抱箍的两螺杆穿过横担的两孔（M形垫铁已焊接在横担上），用螺母拧紧固定，注意应装得水平，其倾斜度不大于1%。

固定横担

(3) 瓷横担安装

1）安装支架

将横担支架自电杆顶部穿入电杆，放平摆正。

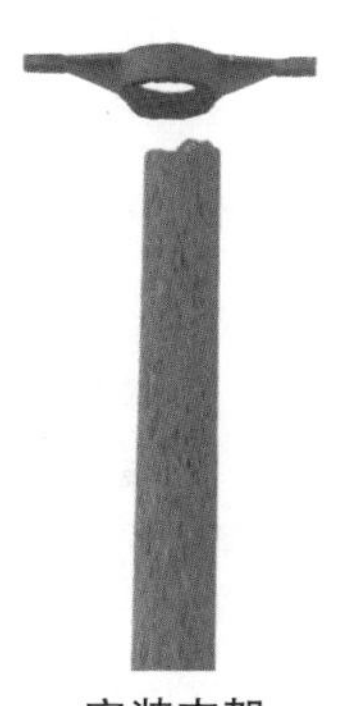

安装支架

2）安装绝缘子

在支架放上橡胶垫，铁垫后放上绝缘子。

安装绝缘子

3）固定绝缘子

在绝缘子上侧再放上橡胶垫、铁垫后，将螺钉穿入螺孔，带上螺母后拧紧。

固定绝缘子

3.1.3 拉线的制作安装

（1）拉线的种类

1）普通拉线

用于直线、终端、转角、耐张和分支杆补强所承受的外力作用。

普通拉线横担

2）转角拉线

用于转角杆。

转角拉线

3）人字拉线

用于基础不坚固、跨越加高杆或较长的耐张段中间的直线杆上。

人字拉线

4）高桩拉线

用于跨越公路、渠道和交通要道处。

高桩拉线

（2）装设拉线把

1）埋设拉线盘

目前普遍采用圆钢拉线棒制成拉线盘，它的下端套有螺纹，上端有拉环，安装时拉线棒穿过水泥拉线盘孔，放好垫圈，拧上螺母即可。

下把拉线棒装好后，将拉线盘放正，使底把拉环露出地面500～700mm，随后就可分层填土夯实。填土时，要使用含水不多的干土，最好夹杂一些石子石块，拉线棒地面上下200～300mm处，都要涂以沥青，泥土中含有盐碱成分较多的地方，还要从拉线棒出土150mm处起，缠绕80mm宽的麻带，缠到地面以下350mm处，并浸透沥青，以防腐蚀。

常见拉线盘

2）拉线上把制作

① 先将拉线短头量出600mm，弯成环形穿入挂环内，将绑线短头压在两线束中间。

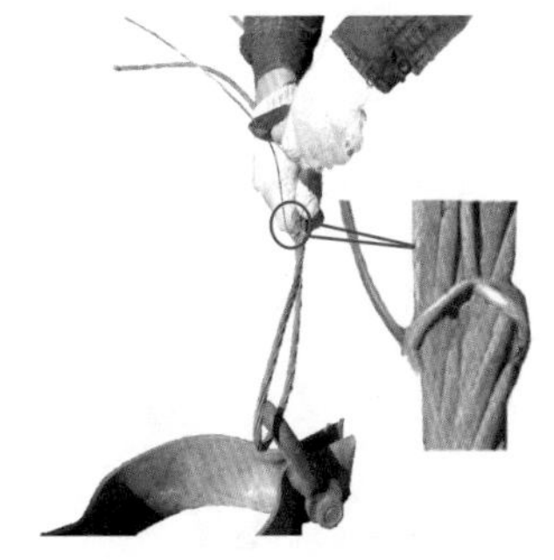

绑线短头压在拉线中间

② 手拿长头在线束上缠绕200～300mm，边缠边用钳子靠紧。

长头缠绕200～300mm

③ 在200mm内稀疏地绕缠1～2箍,这些箍俗称为“花绑”。

长头在200mm内疏绕2回

1 2
3 4

④ 长头在缠绕100mm后与短头互绞2～3回，剪断余线，用钳子压在两线束中间。

长头缠绕100mm

3）拉线地锚把的制作

将拉线下部的上端折回约600mm，弯成环形，插入下把拉线夹内。

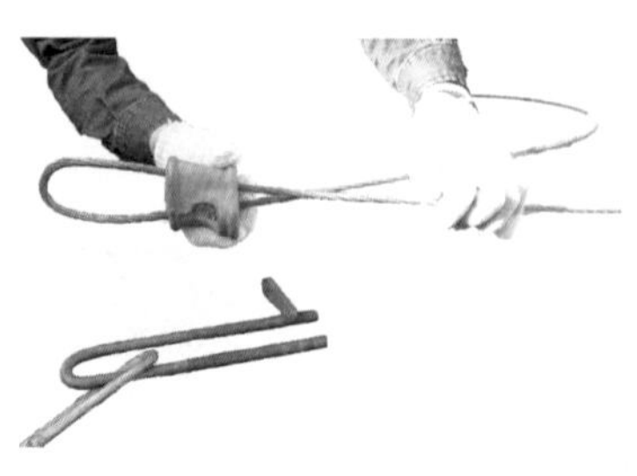

绑线穿入拉环

插入楔铁，并使其紧靠。

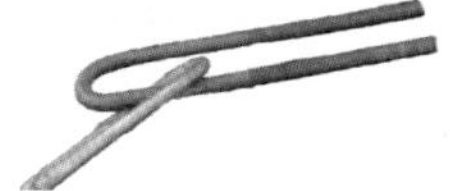

插入楔铁

用上把同样方法缠绕 150 ～ 200mm。

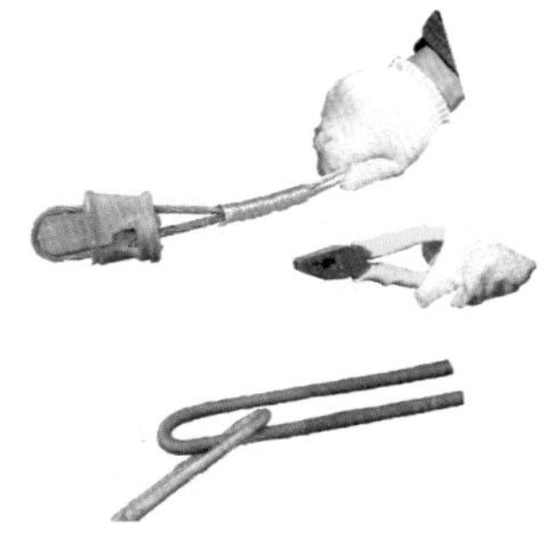

缠绕100～150mm

4）安装拉线绝缘子

将拉线的线束从绝缘子线槽内绕过来。在距端头 600mm 的位置弯曲，形成两倍绝缘长左右的环形，调整使其线束整齐、严密。

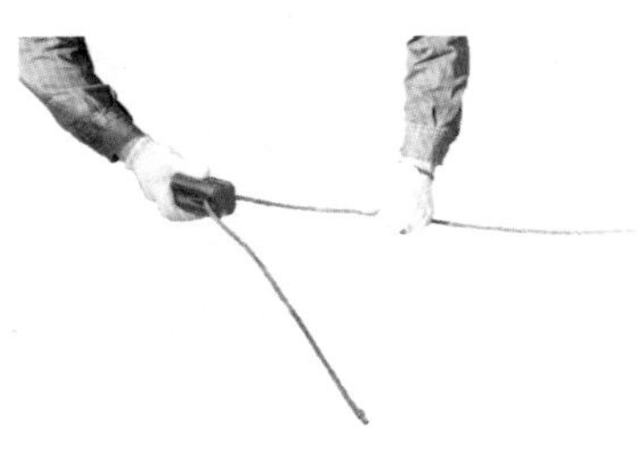

线束插入绝缘子

在紧靠绝缘子位置和在距线束 150mm 位置各安装一个卡扣。

安装卡扣

3.1.4 安装导线

（1）架线

导线上杆，一般采用绳吊，截面较小的导线，一个耐张段全长的四根导线可一次吊上；截面较大的导线，可分成每两根吊一次。

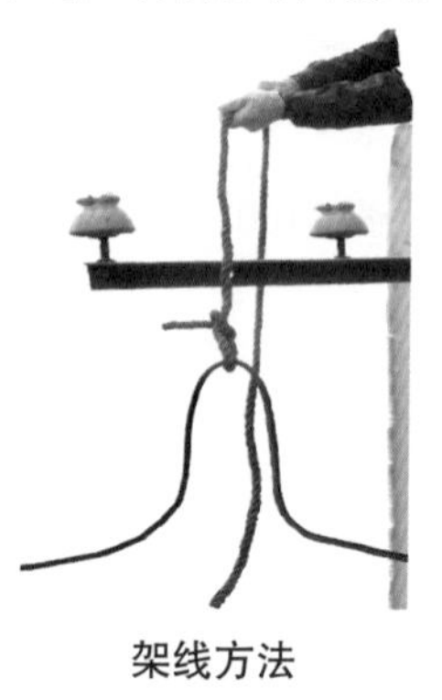

架线方法

（2）紧线

紧线时，先把一端导线牢固地绑扎在绝缘子上，然后在另一端用紧线钳紧线。

紧线器定位钩要固定牢靠，以防紧线时打滑。夹线钳口应尽可能拉长一些，以增加导线的收放幅度，便于调整导线的垂弧。

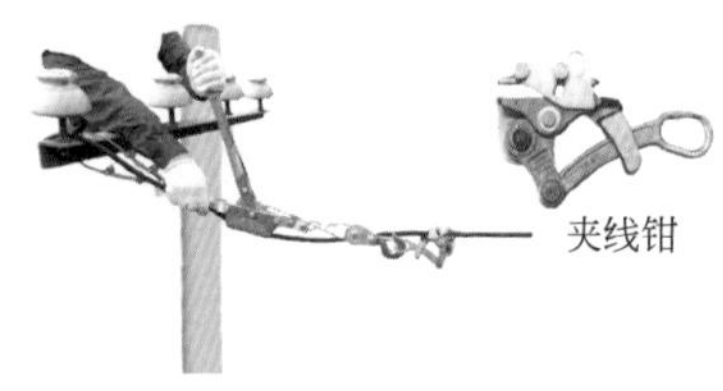

紧线方法

（3）导线在蝶形绝缘子上的绑扎

1）直线段导线的绑扎

① 把导线紧贴在绝缘子颈部嵌线槽内，把扎线一端留出足够在嵌线槽子绕一圈和导线上绕 10 圈的长度，并使扎线与导线成 X 状相交。

X状交叉

② 把扎线从导线右下侧嵌线槽背后至导线左边下侧，按逆时针方向围正面嵌线槽，从导线右边上侧绕出，接着将扎线贴紧并围绕绝缘子嵌线槽背后至导线左边下侧。

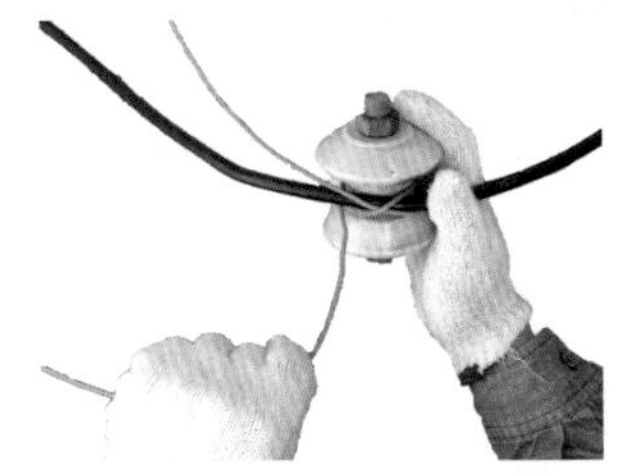

绕绝缘子缠绕

③ 在贴近绝缘子处开始，将扎线在导线上紧缠10圈后剪除余端。

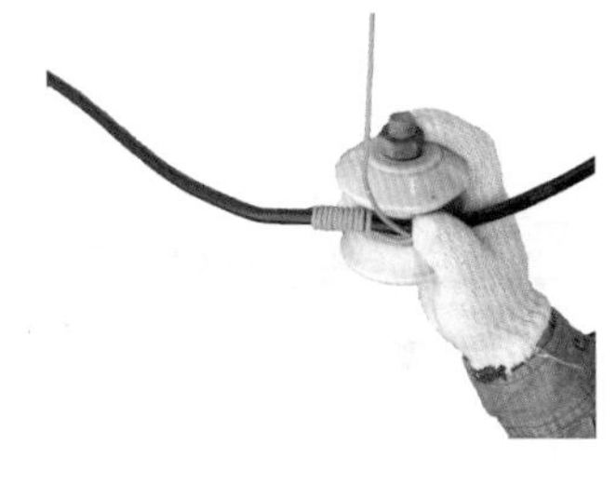

一端缠绕

④ 把扎线的另一端围绕嵌线槽背后至导线右边下侧，也在贴近绝缘子处开始，将扎线在导线上紧缠10圈后剪除余端。

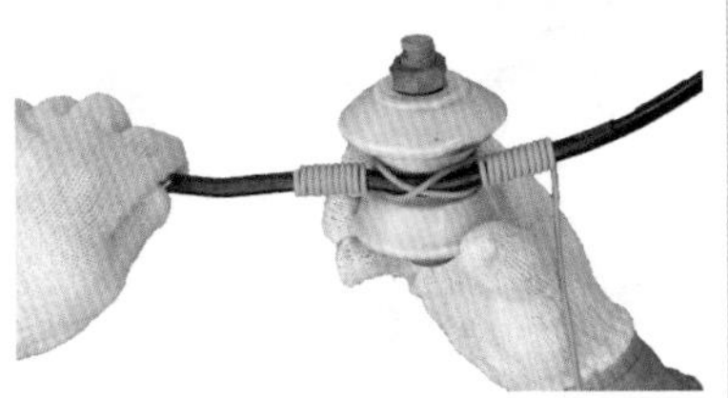

另一端缠绕

2）始终端支持点在蝶形绝缘子上的绑扎

① 把导线末端先在绝缘子嵌线槽内围绕一圈。

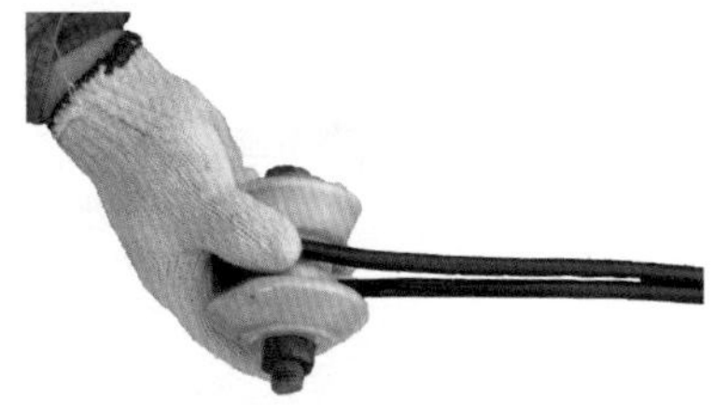

导线缠绕绝缘子

② 把扎线短的一端从两导线中间拉过来。

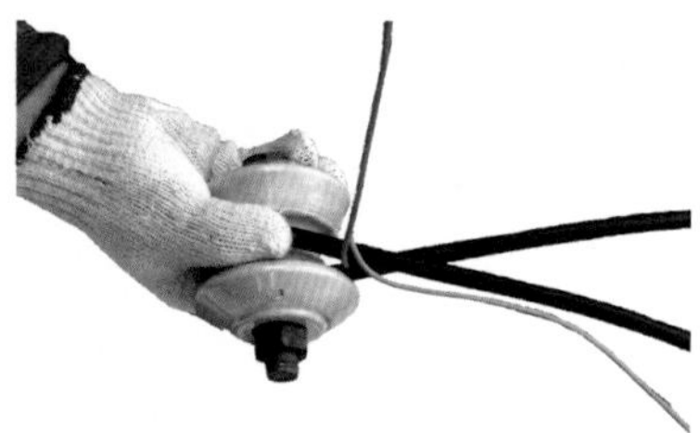

从导线中间拉过扎线短头

③ 把扎线长的一端在贴近绝缘子处，缠绕 4 圈后，将扎线短 一端压入并合处的凹缝中。

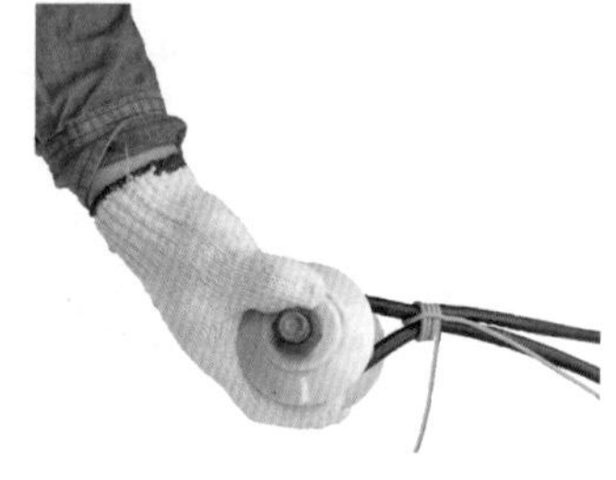

压住短头

1 2
3 4

④ 扎线长的一端继续缠绕 10 圈，与短的一端互绞 2 圈，钳断余端，并紧贴在两导线的夹缝中。

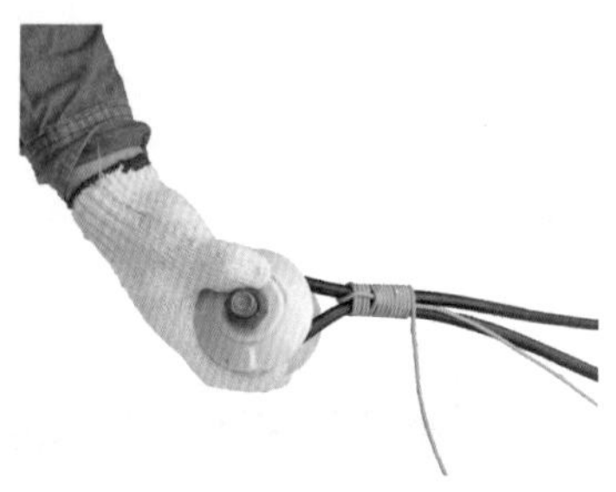

长头绕10圈

（4）导线在针式绝缘子上的绑扎

1）直线杆顶绑法

① 把导线嵌入绝缘子顶嵌线槽内，并在导线右端加上扎线，扎线在导线右边贴近绝缘子处紧绕 3 圈。

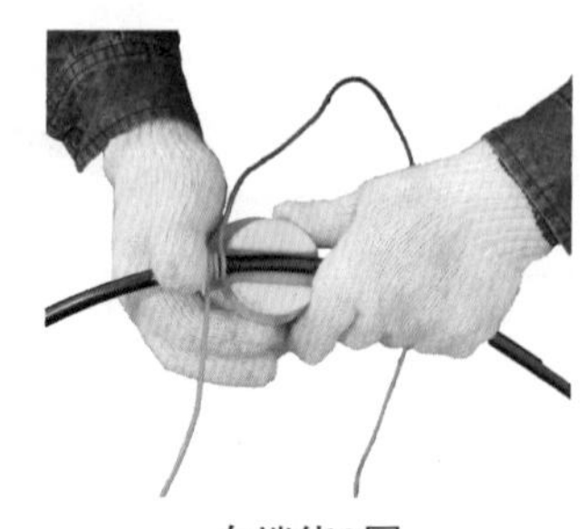

右端绕3圈

② 接着把扎线长的一端按顺时针方向从绝缘子颈槽中围绕到导线左边下侧，并贴近绝缘子在导线上缠绕 3 圈。

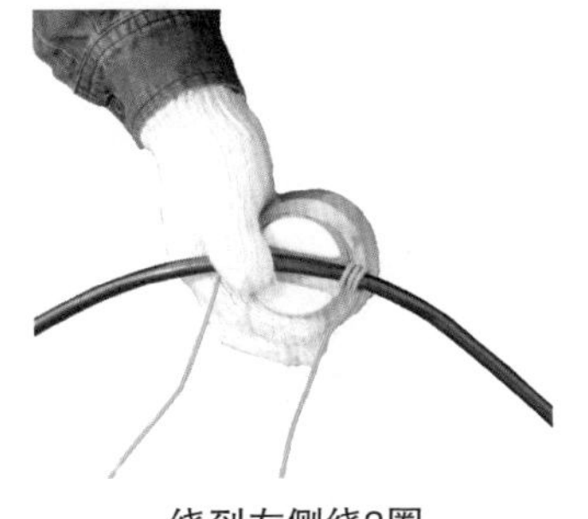

绕到左侧绕3圈

③ 然后再按顺时针方向围绕绝缘子颈槽到导线右边下侧，并在右边导线上缠绕 3 圈（在原 3 圈扎线右侧）。

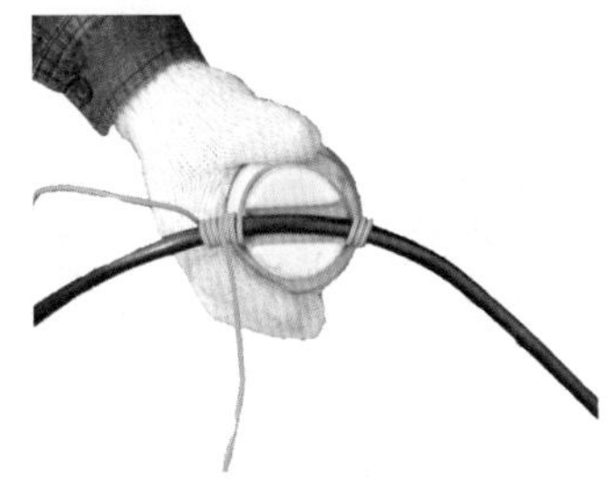

绕回右侧再绕3圈

④ 然后再围绕绝缘子颈槽到导线左边下侧，继续缠绕导线 3 圈（也排列在原 3 圈左侧）。

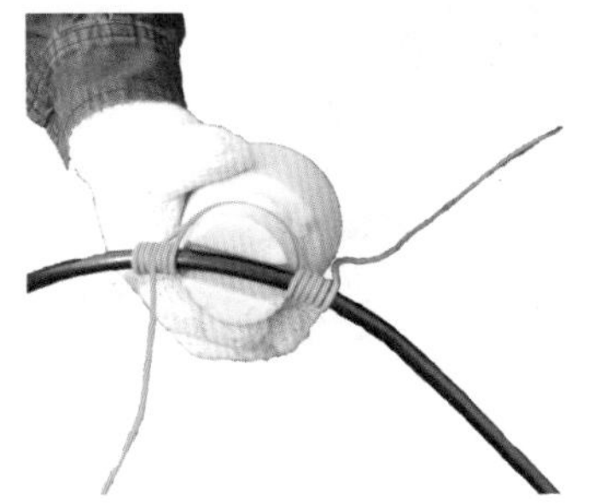

在左侧再侧绕3圈

⑤ 把扎线围绕绝缘子颈槽从右边导线下侧斜压住顶槽中的导线，并将扎线放到导线左边内侧。接着从导线左边下侧按逆时针方向的顶部绑扎围绕绝缘子颈槽到右边导线下侧。

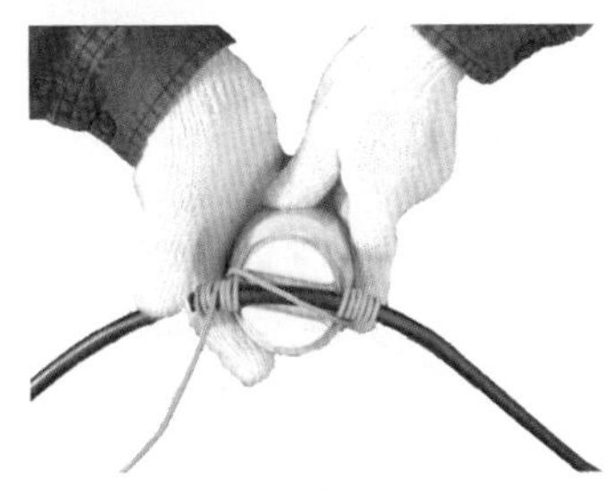

从右向左压住导线

⑥ 然后把扎线从导线右边下侧斜压住顶槽中导线，并绕到导线左边下侧，使顶槽中导线被扎线压成 X 状。

再从右向左压住导线

⑦ 最后将扎线从导线左边下侧按顺时针方向围绕绝缘子颈槽到扎线的另一端，相交于绝缘子中间，并互绞 6 圈后剪去余端。

导线在绝缘子上的固定绑扎前需在铝绞线上包缠一层保护层，包缠长度以两端各伸出绑扎处 20mm 为准。

互绞6圈剪断

2）转角杆侧绑法

① 把扎线短的一端在贴近绝缘子处的导线右边缠绕 3 圈，然后与另一端扎线互绞 6 圈，并把导线嵌入绝缘子颈部嵌线槽内。

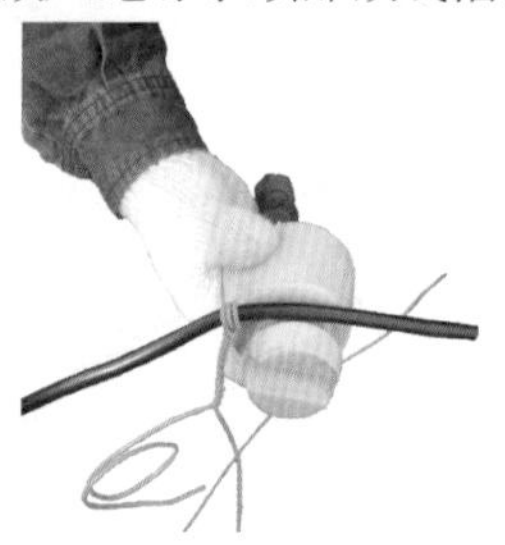

右侧绕3圈

② 接着把扎线从绝缘子背后紧紧地绕到导线的左下方。

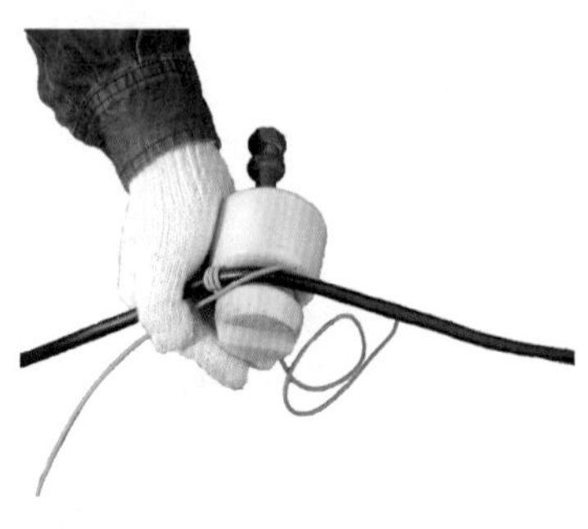

绕到左边

③ 接着把扎线从导线的左下方围绕到导线右上方，并如同上法再把扎线绕绝缘子 1 圈。

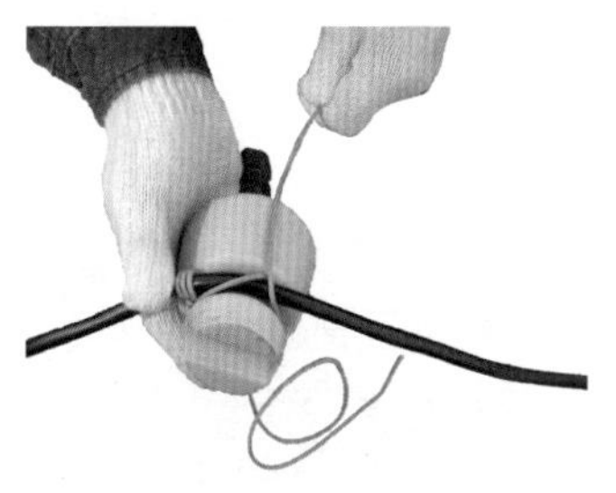

右边缠1圈

④ 然后把扎线再围绕到导线左上方。

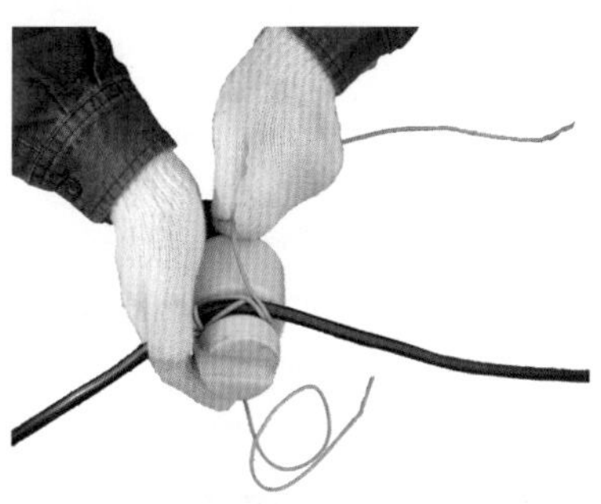

绕回左上方

⑤ 继续将扎线绕到导线右下方，使扎线在导线上形成 X 形的交绑状。

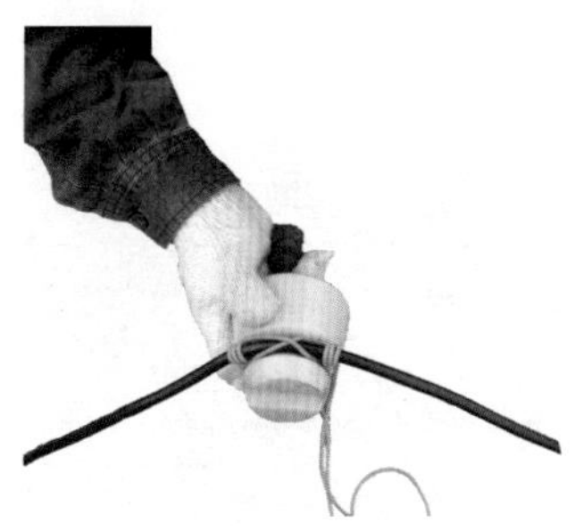

绕回右下方

⑥ 最后把扎线围绕到导线左上方，并贴近绝缘子处紧缠导线 3 圈后，向绝缘子背部绕去，与另一端扎线紧绞 6 圈后，剪去余端。

最后缠6圈贴紧绝缘子

3.1.5 低压进户装置的安装

(1) 进户管的安装

进户管按导线粗细来选配，一般以导线截面积（包括绝缘层）占管有效截面积的40%左右为选用标准，但最小的管径不可小于16mm。安装时，管户外一端应稍低，以防雨水灌进户内。

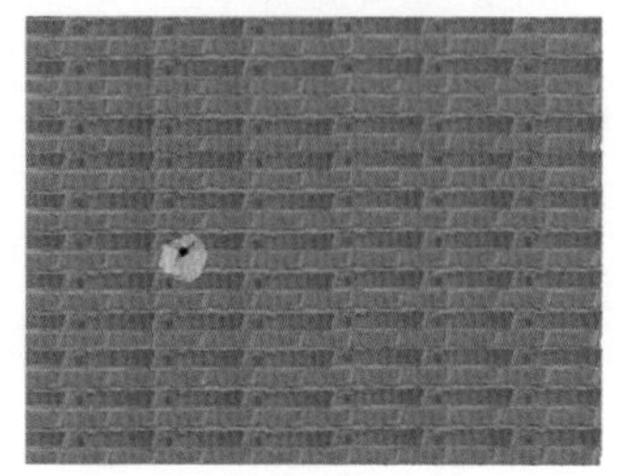

进户管的安装

(2) 木榫安装

绝缘子的安装等于或高于2.7m。选择合适的位置打孔并将木榫打入孔内。

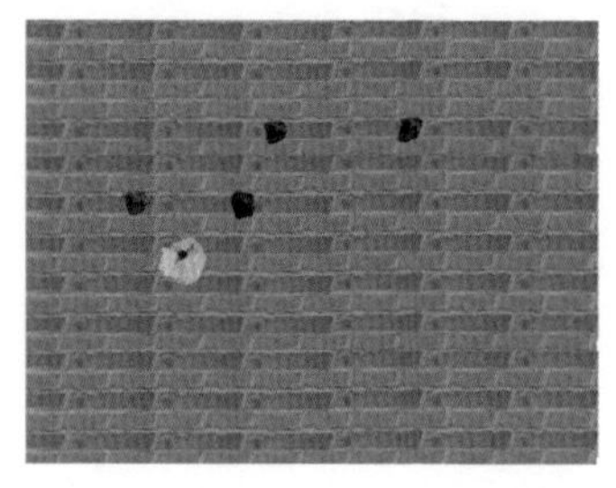

木榫安装

(3) 绝缘子安装

木方穿过抱箍，然后用铁钉固定在砖墙上。

绝缘子安装

(4) 接户线安装

导线的绑扎按“始终端支持点在蝶形绝缘子上的绑扎”方法进行。

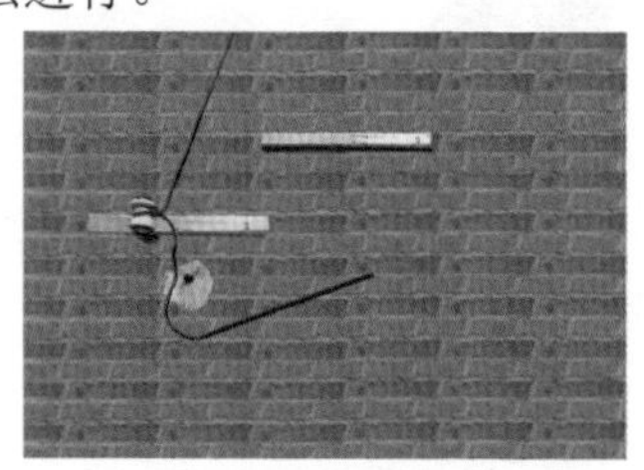

接户线安装

（5）配电箱安装

配电箱固定在木方上，木方固定在砖墙的木榫上。配电箱的进出线孔应在下侧。

配电箱安装

（6）进户线安装

进户线由进户管穿出，与电源线同孔穿入配电箱时，两线应分别缠绕绝缘。

进户线的安装

3.2 电缆敷设

3.2.1 直埋敷设

（1）挖电缆沟

① 挖电缆沟时应考虑沟的弯曲半径应满足电缆弯曲半径的要求。沟的深度为0.8m以上，横断面呈上宽（比底约宽200mm）下窄形状。沟宽视电缆的根数而定，单根电缆一般为400~500mm，两根电缆为600mm左右。

电力电缆沟挖法

② 10kV 以下的电缆，相互的间隔应保证在 100mm 以上。每增加一根电缆，沟宽加大 170 ～ 180mm。

电力电缆间距

（2）直埋电缆敷设工艺

①直埋电缆敷设前，应在铺平夯实的电缆沟先铺一层 100mm 厚的细砂或软土，作为电缆的垫层。

电缆沟距自然地面距离

② 电缆放好后，上面应盖一层 100mm 的细砂或软土。

电缆上面盖细砂

③ 砂土上面应加盖保护板，防止外力损伤电缆。覆盖保护板的宽度应超过电缆两侧各 50mm。

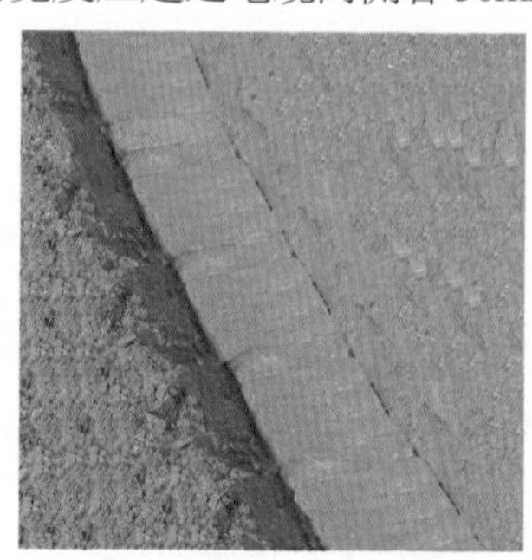

在电缆上面盖砖

④ 电缆在弯曲的地方，应做成圆弧，其曲率半径不应小于下值。

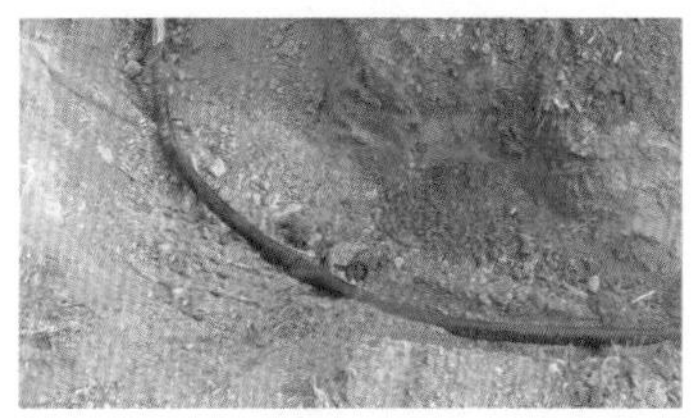

电缆拐弯的做法

电缆的曲率半径

橡胶绝缘或塑料绝缘电缆	曲率半径为电缆外径的倍数
有金属屏蔽层	多芯8，单芯10
无金属屏蔽层	多芯6，单芯8
铠装	12

1 2
3 4

⑤ 电缆沟应分层夯实，覆土要高出地面150～200mm，以备松土沉陷。

电缆覆土的做法

⑥直埋电缆在拐弯、接头、终端和进出建筑物等地段，应装设标桩，桩露出地面一般为0.15m。

电缆标桩的设置

（3）电缆的敷设方法

先将电缆稳妥地架设在放线架上，从线盘的上端放出。逐渐松开放在滚轮上，用人工或机械向前牵引。电缆敷设的最低温度不应低于下表值。

人力牵引滚轮展放电缆示意

电缆敷设允许最低温度

电缆类型	电缆结构	允许最低温度/℃
橡胶绝缘	橡胶或聚氯乙烯护套	−15
	裸铅套	−20
	铅护套钢带铠装	−7
塑料绝缘		0
控制电缆	耐寒护套	−20
	橡胶绝缘聚氯乙烯护套	−15
	聚氯乙烯绝缘聚氯乙烯护套	−10

3.2.2 电缆槽板敷设

（1）支吊架的墙上安装

① 支吊架的固定都应尽可能配合土建施工预埋。

支架墙上预埋

② 支架在墙上也可用膨胀螺栓来固定。

墙上膨胀螺栓与槽板焊接

(2)支吊架柱上安装

1)预埋

支吊架在柱上可以预埋铁件，然后焊接。

柱上预埋焊接

2)柱上膨胀螺栓

也可以待土建完工后在柱的侧面打膨胀螺栓固定。

柱上膨胀螺栓

(3)支吊架梁上安装

1)预埋

支吊架在梁上可预埋铁件，焊接固定。

梁上预埋焊接

2)梁上膨胀螺栓

也可以待土建完工后在梁的侧面打膨胀螺栓固定。

梁上膨胀螺栓

（4）支吊架在管廊上安装

1）吊架安装

一般选择在槽钢、角钢下。

吊架焊接

2）支架安装

在槽钢下。

支架槽钢焊接

1 2
3 4

（5）槽板连接

1）变宽

连接两段不同宽度或高度的托盘，桥架可配置变宽连接板（变宽板）或变高连接板（变高板）。

电缆桥架变宽做法

2）自制拐弯

因地方关系不能使用时，可根据地方形状自制成型，并焊接牢固。

电缆桥架的连接方法

3）过墙

电缆桥架过墙时应在墙上开方孔，并采取防火措施。

电缆桥架过墙做法

4）隔板设置

低压电力电缆与控制电缆共用同一托盘或梯架时，相互间宜设置隔板。

电缆桥架隔板做法

（6）桥架的接地

1）导线连接

电缆桥架系统应具有可靠的电气连接并接地。在伸缩缝或软连接处需采用编织铜线连接。

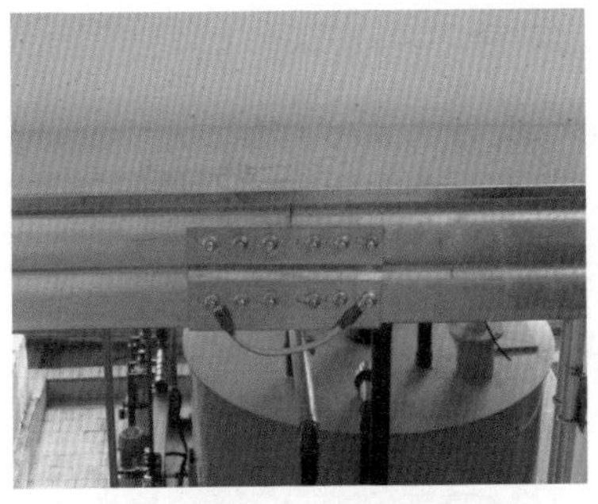

电缆桥架接地做法

2）另敷接地干线

沿桥架全长另敷设接地干线时，每段（包括非直线段）托盘、桥架应至少有一点与接地干线可靠连接。

另敷接地干线做法

3.2.3 电缆的其他敷设方法

(1) 保护管敷设

1）电缆进入建筑物

电缆进入建筑物内使用保护管敷设。保护管伸出建筑物散水坡的长度不应小于250mm。

电缆进入建筑物

2）引至设备

引至设备的电缆管管口位置，应便于与设备连接并不妨碍设备拆装和进出。

引至设备

1 2
3 4

3）弯曲要求

一根电缆保护管的弯曲处不应超过3个，直角弯不应超过2个。弯曲处不应有裂缝和显著的凹痕现象，管弯曲处的弯扁程度不宜大于管外径的10%。

弯曲要求

4）穿越路面

敷设在铁路、公路下的保护管深度不应小于1m，管的长度除应满足路面的宽度外，还应在两端各伸出2m。

穿越路面

5）墙（柱）上安装

并列敷设的电缆管管口应排列整齐。

墙（柱）上安装

1 2
3 4

6）地下引至电杆

电缆由电缆沟道引至电杆，应在距地高度2m以下的一段穿钢管保护，管的下端埋入深度不应小于250mm。

地下引至电杆

7）管口做法

保护管的管口处应无毛刺和尖锐棱角，管口应做成喇叭口形。还可以用塑料护口。

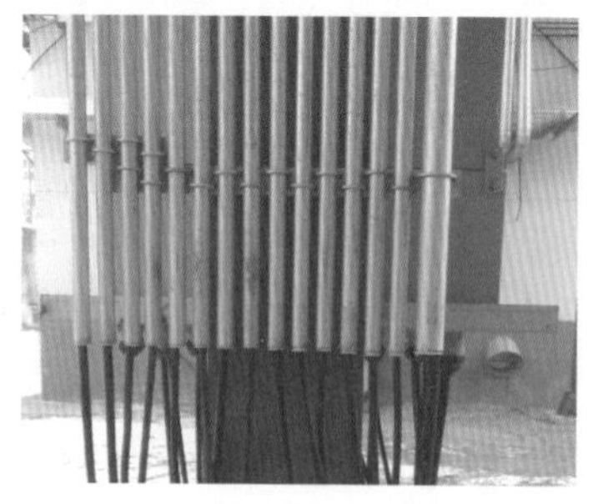

管口做法

（2）室内电缆明敷设

1）沿墙扁钢卡子固定

可使用 30×3 镀锌扁钢卡子固定。

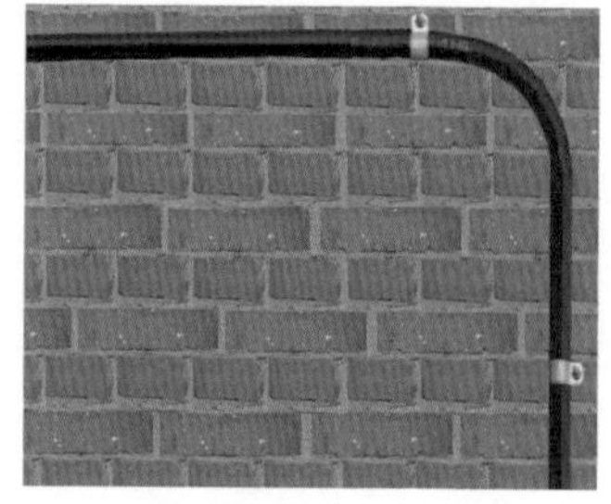

沿墙扁钢卡子固定

1 2
3 4

2）沿墙管夹固定

也可用管夹固定。支撑点距离 1.0m。

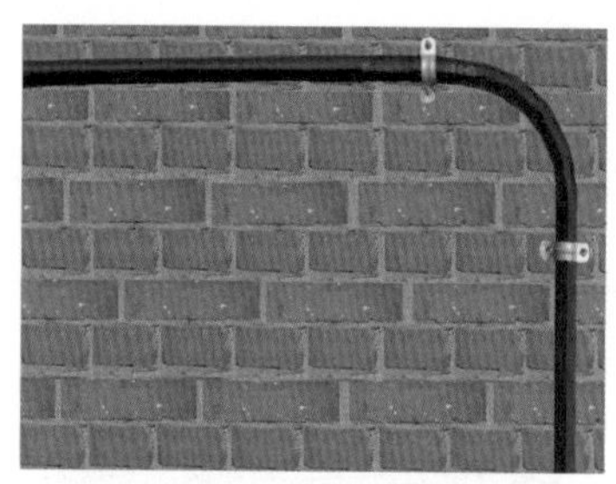

沿墙管夹固定

3）沿墙挂钩固定

电缆沿墙吊挂安装使用挂钉和挂钩吊挂，不能超过三层。吊挂安装电力电缆挂钉间距为 1m。

沿墙挂钩固定

第4章

室内配线

4.1 器具盒位置的确定

4.1.1 跷板（扳把）开关盒位置确定

（1）一般盒位的设置

① 暗装扳把或跷板及触摸开关盒，一般应在室内距地坪1.3m处埋设，在门旁时盒边距门框（或洞口）边水平距离应为180mm。

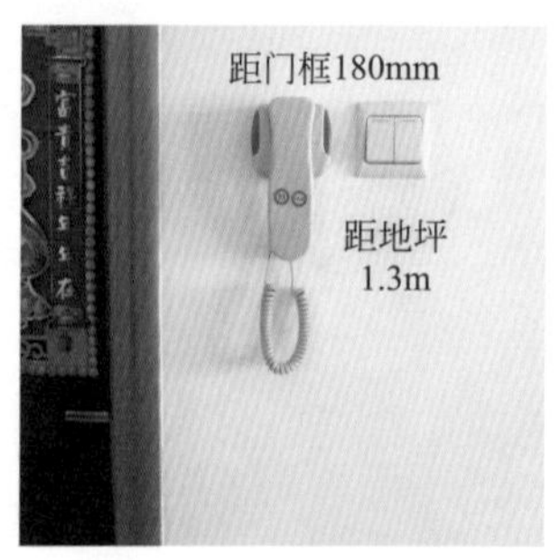

翘板开关一般位置

② 当建筑物与门平行的墙体长度较大时，为了使盒内立管躲开门上方预制过梁，门旁开关盒也可在距门框边250mm处设置，但同一工程中位置应一致。开关盒的设置应先考虑门的开启方向，以方便操作。

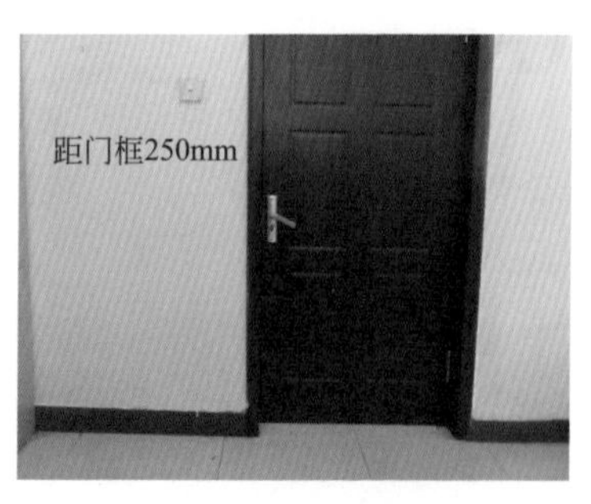

门上有过梁位置

1 2
3 4

（2）门旁有柱的设置

① 门框旁设有混凝土柱时，开关盒与门框边的距离也不应随意改变，当柱的宽度为240mm且柱旁有墙时，应将盒设在柱外贴紧柱子处。

柱宽度240mm

② 当柱宽度为370mm，应将86系列（75mm×75mm×60mm）开关盒埋设在柱内距柱旁180mm的位置上。

柱宽度370mm

③ 当柱旁无墙或柱子与墙平面不在同一直线上时，应将开关盒设在柱内中心位置上，如果开关盒为146系列（135mm×75mm×60mm），就无法埋设在柱内，只能将盒位改设在其他位置上。

柱370mm边无墙

（3）门旁墙垛

① 在确定门旁开关盒位置时，除了门的开启方向外，还应考虑与门平行的墙跺的尺寸，设置86系列盒，最小应有370mm；设置146系列盒时，墙跺的尺寸不应小于450mm，盒也应设在墙跺中心处。如门旁墙跺尺寸大于700mm时，开关盒位就应在距门框边180mm处设置。

盒与门旁墙跺的位置关系

② 在门旁边与开启方向相同一侧的墙跺小于370mm，且有与门垂直的墙体时，应将开关盒设在此墙上，盒边应距与门平行的墙体内侧250mm。

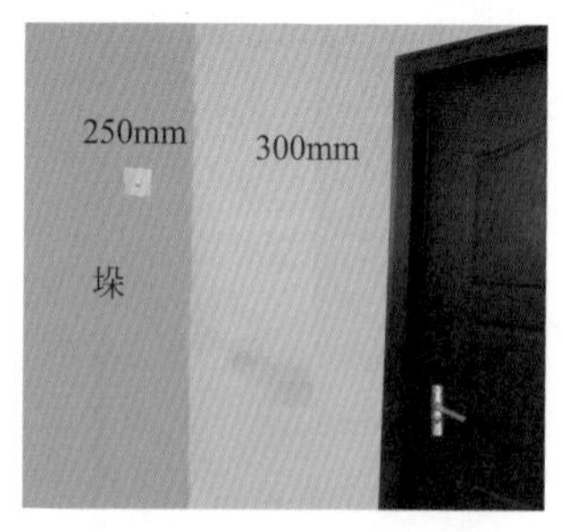

盒边距墙250mm

③ 在与门开启方向一侧墙体上无法设置盒位，而在门后有与门垂直的墙体时，开关盒应设在距与门垂直的墙体内侧1m处，防止门开启后开关被挡在门后。

盒边距墙1m

（4）门后拐角墙

① 当门后有拐角长为1.2m墙体时，开关盒应设在墙体门开启后的外边，距墙拐角250mm处。

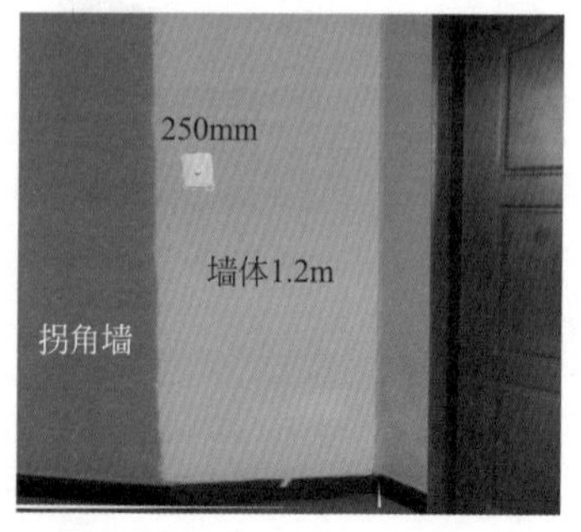

拐角墙长1.2m

② 当此拐角墙长度小于1.2m时，开关盒设在拐角另一面的墙上，盒边距离拐角处250mm。

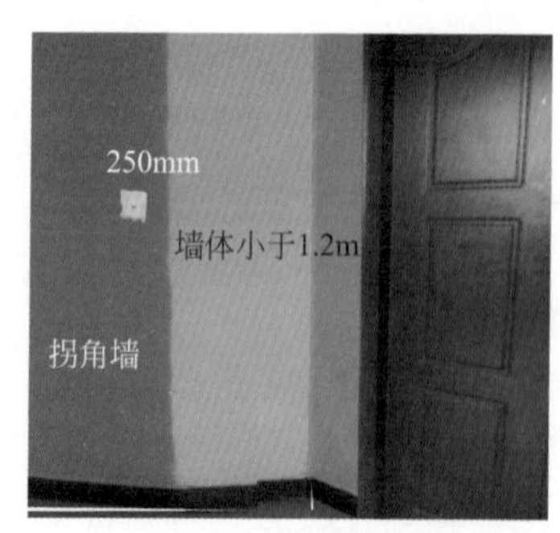

拐角墙长小于1.2m

（5）两门中间墙体

① 建筑物两门中间墙体宽为0.37 ～ 1.0m范围内，且此墙处设有一个开关位置时，开关盒宜设在墙跺的中心处，如开关偏向一旁时会影响观瞻。

中间墙体宽为0.37 ~ 1.0m

② 若两门中间墙体超过1.2m时，应在两门边分别设置开关盒，盒边距门180mm。

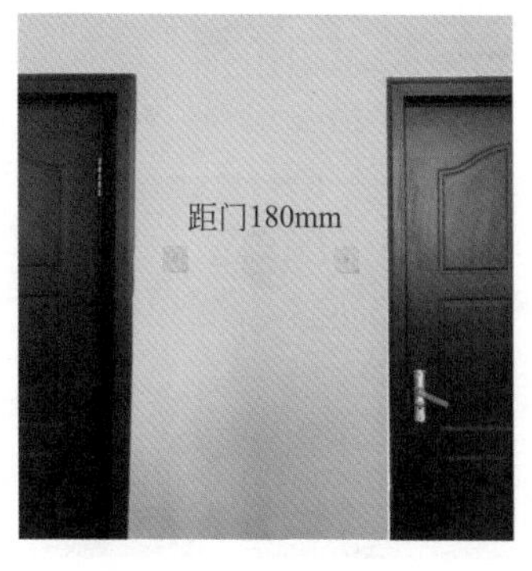

中间墙体宽大于1.2m

（6）楼梯间

楼梯间的照明灯控制开关，应设在方便使用和利于维修之处，不应设在楼梯踏步上方。当条件受限制时，开关距地高度应以楼梯踏步表面确定标高。

楼梯踏步上方开关盒位置图

（7）厕所开关盒位置

厨房、厕所（卫生间）、洗漱室等潮湿场所的开关盒应设在房间的外墙处。

厕所开关盒位置图

（8）走廊开关盒位置

走廊灯的开关盒，应在距灯位较近处设置，当开关盒距门框（或洞口）旁不远处时，也应将盒设在距门框（或洞口）边 180mm 或 250mm 处。

走廊灯开关盒位置图

（9）壁灯开关盒位置

壁灯（或起夜灯）的开关盒，应设在灯位盒的正下方，并在同一垂直线上。

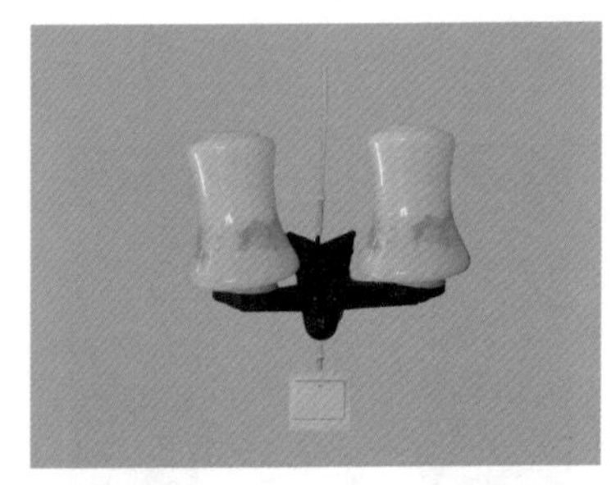

壁灯开关盒位置图

4.1.2 插座盒位置确定

（1）民宅插座位置

① 插座盒一般应在距室内地坪 1.3m 处埋设，潮湿场所其安装高度应不低于 1.5m。

② 托儿所、幼儿园及小学校、儿童活动场所，应在距室内地坪不低于 1.8m 处埋设。

③ 住宅楼餐厅内只设计一个插座时，应首先考虑在能放置冰箱的位置处设置插座盒。设有多个三眼插座盒，应装在橱柜上或橱柜对面墙上。

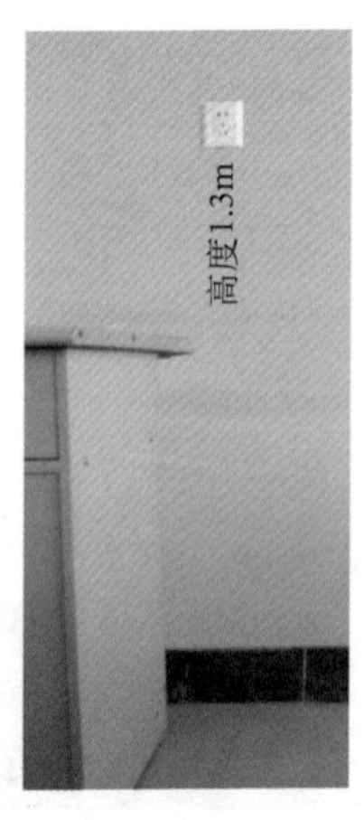

普通插座位置图

④ 插座盒与开关盒的水平距离不宜小于250mm。

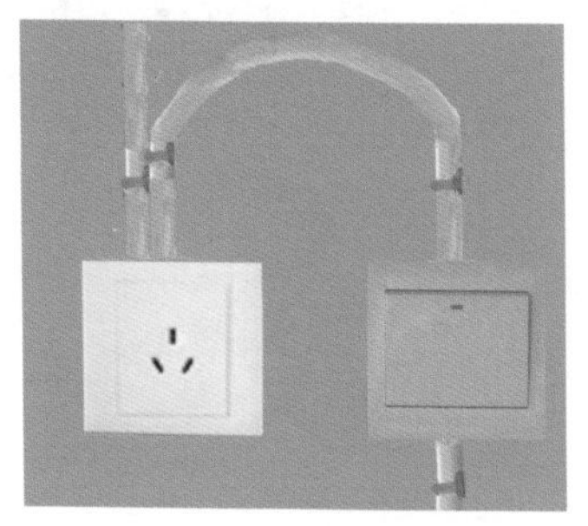

普通插座位置图

⑤ 如墙跺或柱宽为370mm时，应设在中心处，以求美观大方。

柱上插座位置图

⑥ 住宅厨房内设置供排油烟机使用是插座盒，应设在煤气台板的侧上方。

排油烟机插座位置图

（2）车间插座位置

① 在车间及实验室安装插座盒，应在距地坪不低于300mm处埋设；特殊场所一般不应低于150mm，但应首先考虑好与采暖管的距离。

② 插座盒不应设在室内墙裙或踢脚板的上皮线上，也不应设在室内最上皮瓷砖的上口线上。

③ 为了方便插座的使用，在设置插座盒时应事先考虑好，插座不应被挡在门后。

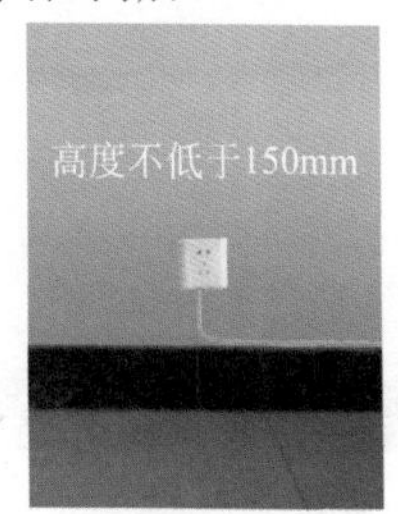

车间插座位置图

（3）注意事项

① 在跷板等开关的垂直上方，不应设置插座盒。

跷扳开关上方不能设插座盒

② 在拉线开关的垂直下方，不应设置插座盒。

拉线开关下方不能设插座盒

③ 插座盒不宜设在宽度小于370mm 墙跺（或混凝土柱）上。

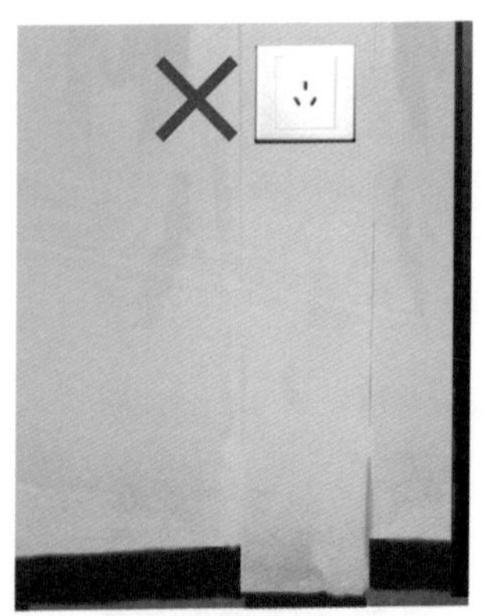

柱宽小于370mm不能设插座盒

4.1.3 照明灯具位置的确定

（1）墙柱上安装

室外照明灯具在墙上安装时，不可低于 2.5m；室内灯具一般不应低于 2.4 m。

灯具柱上安装

(2)楼(屋)面板上灯位盒位置确定

① 预制空心楼板，室内只有一盏灯时，灯位盒应设在接近屋中心的板缝内。由于楼板宽度的限制，灯位无法在中心时，应设在略偏向窗户一侧的板缝内。

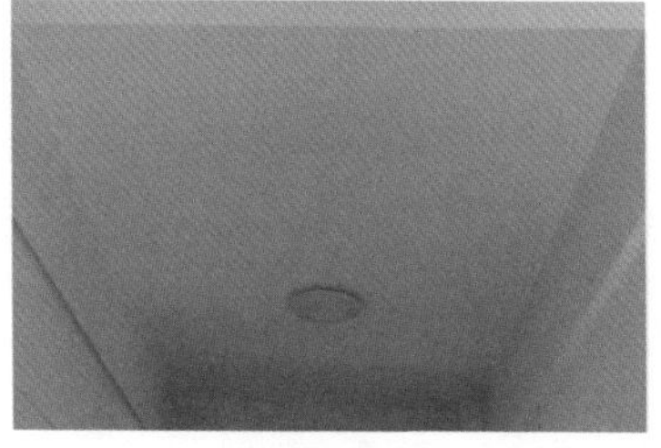

棚顶单灯

② 如果室内设有两盏（排）灯时，两灯位之间的距离，应尽量等于墙距离的2倍，如室内有梁时灯位盒距梁侧面的距离，应与距墙的距离相同。

棚顶双灯

4.2 绝缘子线路配线

4.2.1 绝缘子的安装

(1)划线

用粉线袋划出导线敷设的路径，再用铅笔或粉笔划出绝缘子位置，当采用1～2.5mm^{2}截面的导线时，绝缘子间距为600mm；采用4～10mm^{2}截面的导线时，绝缘子间距为800mm，然后在每个开关、灯具和插座等固定点的中心处划一个“×”号。

用粉袋划线

（2）凿眼

按划线的定位点用电锤钻凿眼，孔深按实际需要而定。

用电锤打眼

（3）安装木榫或其他紧固件

埋设木榫或缠有铁丝的木螺钉，然后用水泥砂浆填平。

安装木榫

1 2
3 4

（4）安装绝缘子

当水泥砂浆干燥至相当硬度后，旋出木螺钉，装上绝缘子或木台。木结构上固定绝缘子，可用木螺钉直接旋入。

绝缘子在砖墙上安装

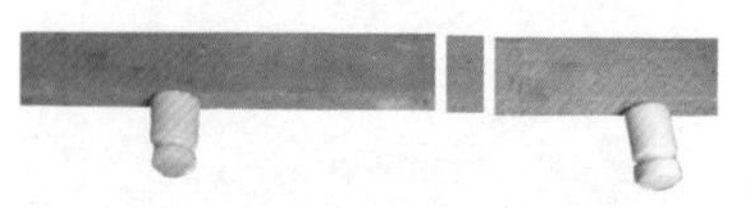

绝缘子在木结构上安装

4.2.2 导线绑扎

（1）终端导线的绑扎

① 将导线余端从绝缘子的颈部绕回来。

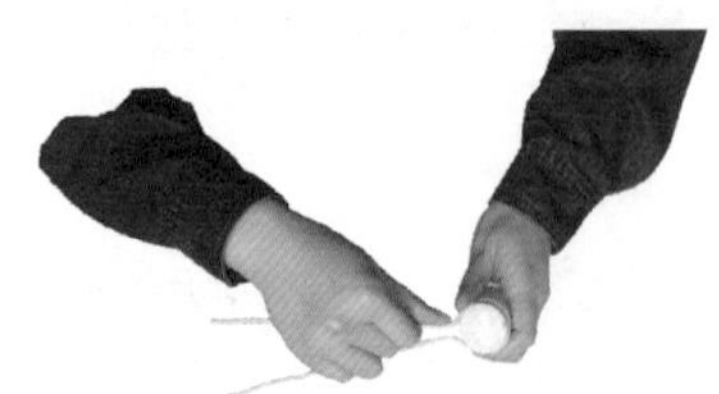

绑回头线

② 将绑线的短头扳回压在两导线中间。

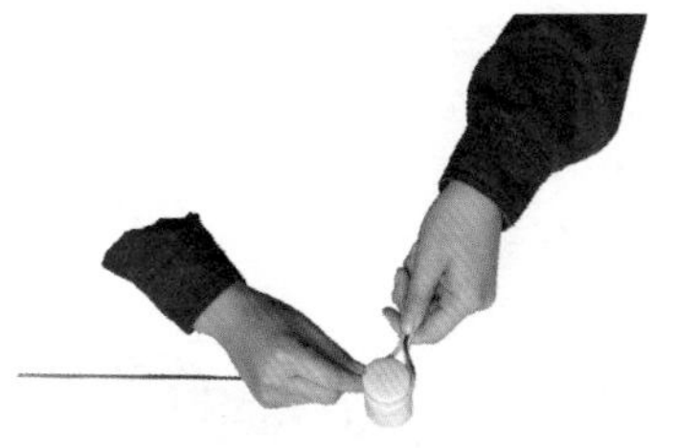

压线头

③ 手持绑线长线头在导线上缠绕 10 圈。

缠绕公卷

④ 分开导线余端，留下绑线短头，继续缠绕绑线 5 回，剪断绑线余端。绑线的线径及绑扎回数见下表。

缠绕单卷

绑扎线直径选择

导线截面/mm^2	绑线直径/mm			绑线卷数	
	砂包铁芯线	铜芯线	铝芯线	公卷数	单卷数
1.5 ～ 10	0.8	1.0	2.0	10	5
10 ～ 35	0.89	1.4	2.0	12	5
50 ～ 70	1.2	2.0	2.6	16	5
95 ～ 120	1.24	2.6	3.0	20	5

（2）直线段单花绑法

① 绑线长头在右侧缠绕导线两圈。

绑扎方法选择：导线截面在 6mm^2 以下的采用单花绑法，导线截面在 10mm^2 以上的采用双绑法。

右侧绕两圈

② 绑线长头从绝缘子颈部后侧绕到左侧。

背后缠绕

③ 绑线长头在左侧缠绕导线两圈。

左侧绕两圈

1 2
3 4

④ 长短绑线从后侧中间部位互绞两回，剪掉余端。

后侧互绞

(3) 直线段双花绑法

① 绑线在绝缘子右侧上边开始缠绕导线两回。

右侧绕两圈

② 绑线从绝缘子前边压住导线绕到左上侧。

向左压住导线

③ 绑线从绝缘子后侧绕回右上侧，再压住导线回到左下侧。

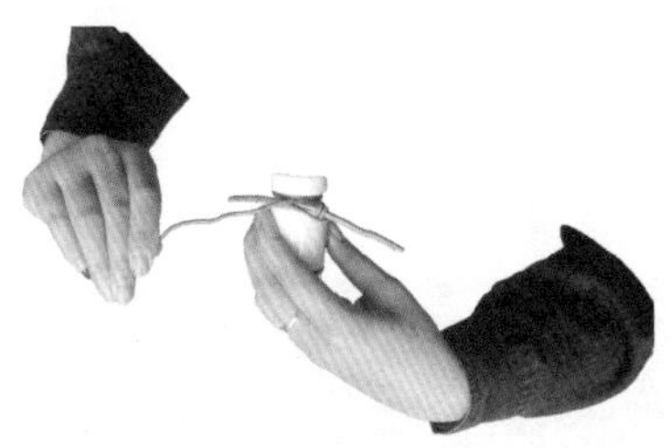

绑线缠绕

④ 绑线在绝缘子左侧缠绕导线两圈。

左侧绕两圈

⑤ 绑线两头从后侧中间部位互绞两回，剪掉余端。

后侧互绞

4.2.3 导线安装的要求

（1）侧面安装

在建筑物的侧面或斜面配线时，必须将导线绑扎在绝缘子的上方。

建筑物侧面安装

（2）转角

① 转弯时如果导线在同一平面内转弯，则应将绝缘子敷设在导线转弯拐角的内侧。

同平面转角

1 2
3 4

② 如果导线在不同平面转弯，则应在凸角的两面上各装设一个绝缘子。

不同平面转角

（3）分支与交叉

导线分支时，必须在分支点处设置绝缘子，用以支持导线；导线相互交叉时，应在交叉部位的导线上套瓷管保护。

分支与交叉

(4)平行安装

平行的两根导线，应位于两绝缘子的同一侧（见侧面安装）或位于两绝缘子的外侧，而不应位于两绝缘子的内侧。

绝缘子沿墙壁垂直排列敷设时，导线弛度不得大于 5mm，沿屋架或水平支架敷设时，导线弛度不得大于 10mm。

配线安装

4.3 护套线配线

4.3.1 弹线定位

(1)导线定位

根据设计图纸要求，按线路的走向，找好水平和垂直线，用粉线沿建筑物表面由始端至终端划出线路的中心线，同时标明照明器具及穿墙套管和导线分支点的位置，以及接近电气器具旁的支持点和线路转弯处导线支持点的位置。

用粉袋划线

(2)支持点定位

① 塑料护套线配线在终端、转弯中点距离为 50 ～ 100mm 处设置支持点。

转弯

② 塑料护套线配线在电气器具或接线盒边缘的距离为50～100mm处设置支持点。

拉线开关

③ 塑料护套线配线在直线部位导线中间平均分布距离为150～200mm处设置支持点。

直线

两根护套线敷设遇有十字交叉时交叉口处的四方50～100mm处，都应有固定点。

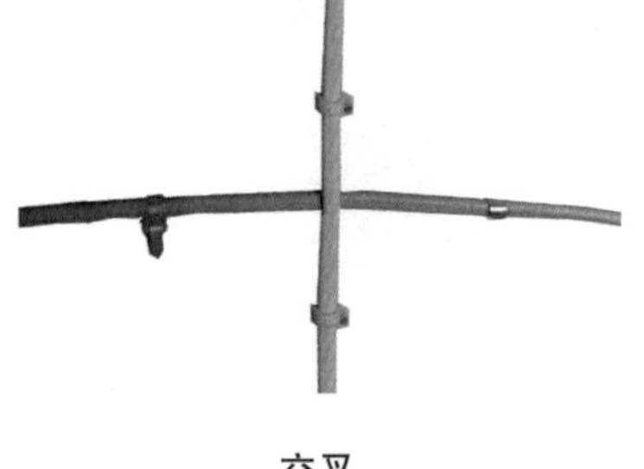

交叉

4.3.2 导线固定

（1）预埋木砖

在配合土建施工过程中，还应根据规划的线路具体走向，将固定线卡的木砖预埋在准确的位置上。预埋木砖时，应找准水平和垂直线，梯形木砖较大的一面应埋入墙内，较小的一面应与墙面平齐或略凸出墙面。

预埋木砖

（2）现埋塑料胀管

可在建筑装饰工程完成后，按划线定位的方法，确定器具固定点的位置，从而准确定位塑料胀管的位置。按已选定的塑料胀管的外径和长度选择钻头进行钻孔，孔深应大于胀管的长度，埋入胀管后应与建筑装饰面平齐。

现埋胀管

（3）铝线卡夹持

① 用自攻螺丝将铝线卡固定在预埋木砖或现埋胀管上。

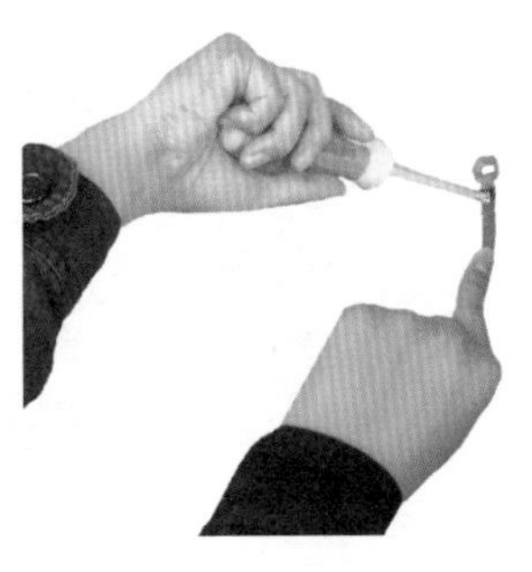

固定铝线夹

② 将导线置于线夹钉位的中心，一只手顶住支持点附近的护套线，另一只手将铝线卡头扳回。

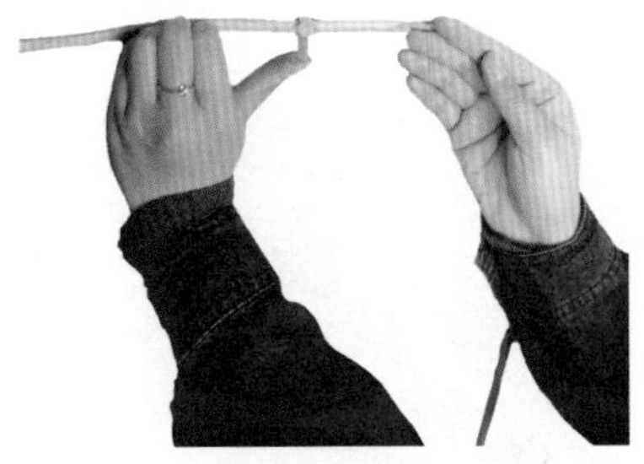

安装导线

③ 铝线夹头穿过尾部孔洞，顺势将尾部下压紧贴护套线。

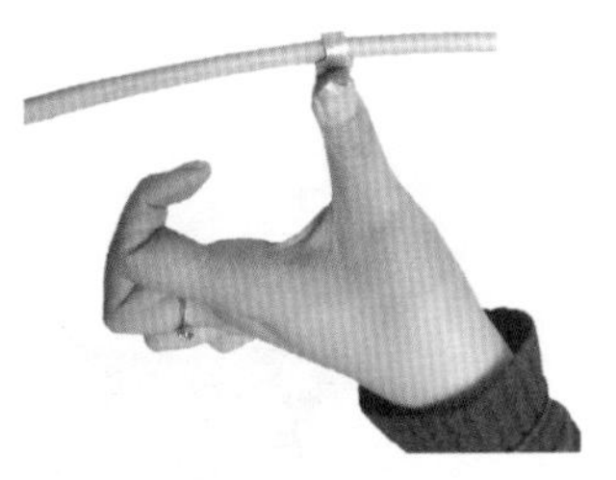

铝线夹头穿过尾孔

④ 将铝线夹头部扳回，紧贴护套线。应注意每夹持 4 ～ 5 个支持点，应进行一次检查。如果发现偏斜，可用小锤轻轻敲击突出的线卡予以纠正。

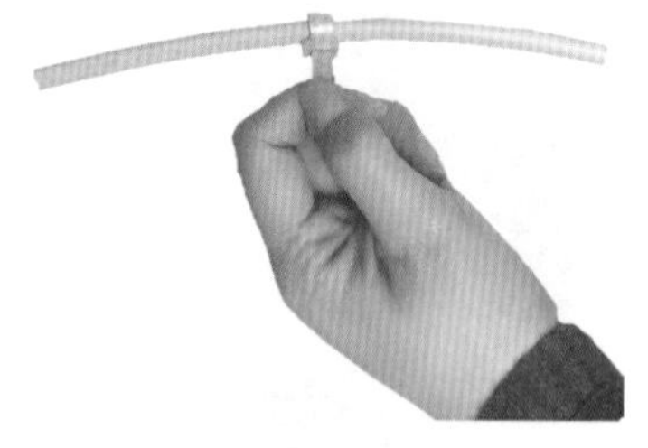

头部扳回

(4) 铁片夹持

① 导线安装可参照铝线夹进行，导线放好后，用手先把铁片两头扳回，靠紧护套线。

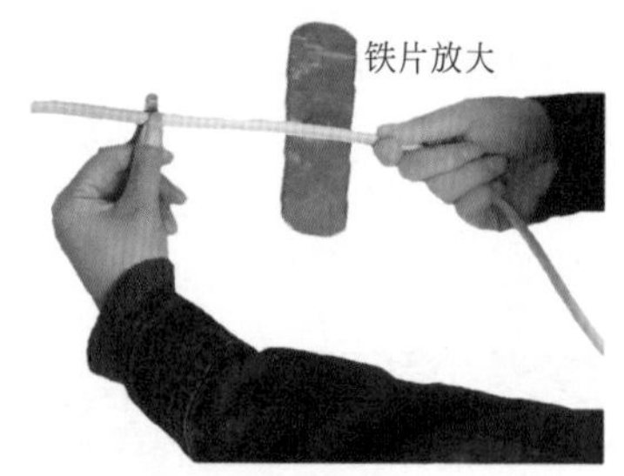

头部扳回

1 2
3 4

② 用钳子捏住铁片两端头，向下压紧护套线。

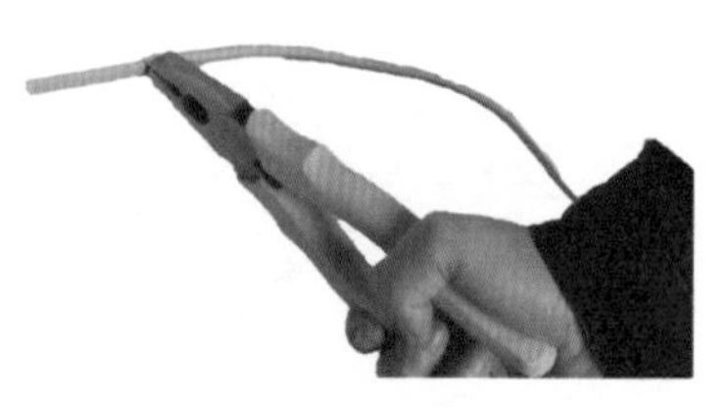

头部扳回

(5) 导线弯曲的要求

塑料护套线在建筑物同一平面或不同平面上敷设，需要改变方向时，都要进行转弯处理，弯曲后导线必须保持垂直，且弯曲半径不应小于护套线厚度的 3 倍。

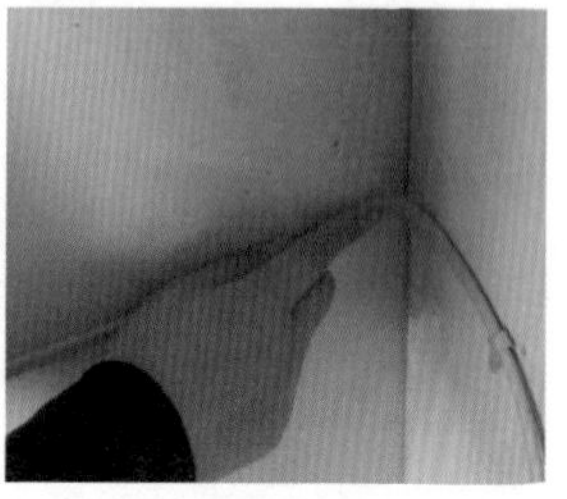

护套线不同平面内弯曲

4.4 线管配线

4.4.1 钢管的加工

(1)钢管的弯曲

① 明配管弯曲半径不应小于管外径的6倍，如只有一个弯时，不应小于管外径的4倍。

② 弯曲处不应有褶皱、凹穴和裂缝现象，弯扁程度不应大于管外径的10%，弯曲角度一般不宜小于90°。管子焊缝宜放在管子弯曲方向的正、侧面交角处的45°线上。

电动弯管

(2)管与管的明装连接

① 管箍连接

明配管采用等成品丝扣连接，两管拧进管接头长度不可小于管接头长度的1/2（6扣），使两管端之间吻合。

② 活接连接

在直线段每隔一段使用一个活接，主要用于管路的清扫和方便穿线。

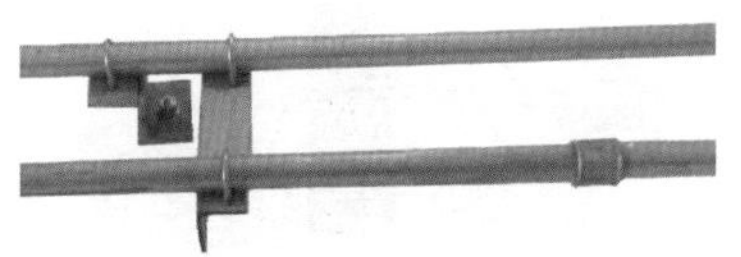

管箍连接

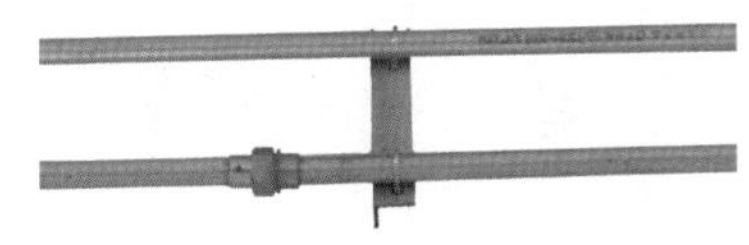

活接连接

③ 三通连接

用于分支和器具安装。

三通连接

④ 断续配管

管头应加塑料护口。

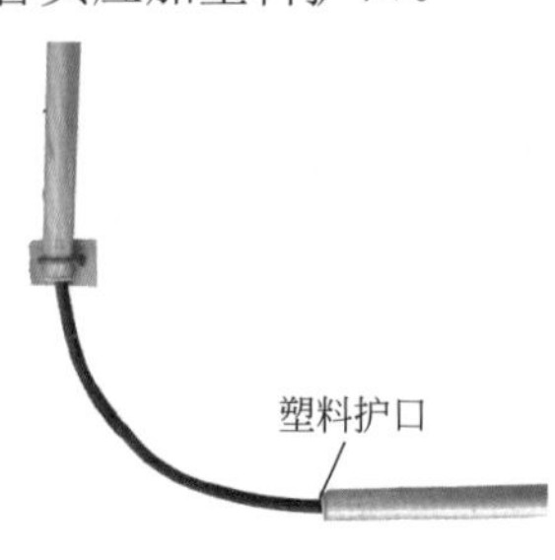

断续配管

1 2
3 4

4.4.2 硬质塑料管加工

（1）管子的冷煨弯曲

① 弯管时首先应将相应的弯管弹簧插入管内需煨处。

插入弹簧

② 两手握住管弯曲处弯簧的部位，用力逐渐弯出需要的弯曲半径来。

如果用手无力弯曲时，也可将弯曲部位顶在膝盖或硬物上再用手扳，逐渐进行弯曲，但用力及受力点要均匀。弯管时，一般需弯曲至比所需要弯曲角度要小，待弯管回弹后，便可达到要求，然后抽出管内弯簧。

顶在钢管上弯曲

（2）管与管的连接

① 插入法连接

把连接管端部擦净，将阴管端部加热软化，把阳管管端涂上胶合剂，迅速插入阴管，插接长度为管内径的1.1～1.8倍，待两管同心时，冷却后即可。

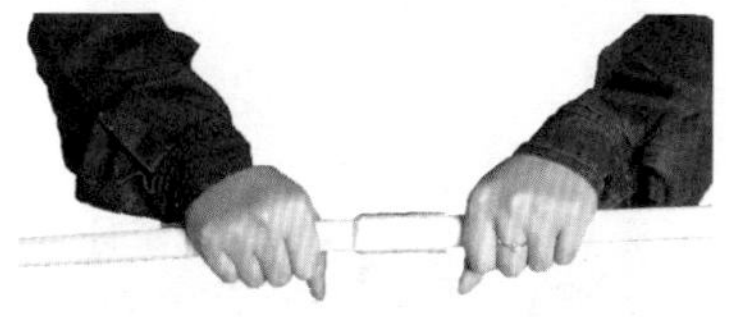

插入法

② 套接法连接

用比连接管管径大一级的塑料管做套管，长度为连接管内径的1.5～3倍，把涂好胶合剂的被连接管从两端插入套管内，连接管对口处应在套管中心，且紧密牢固。

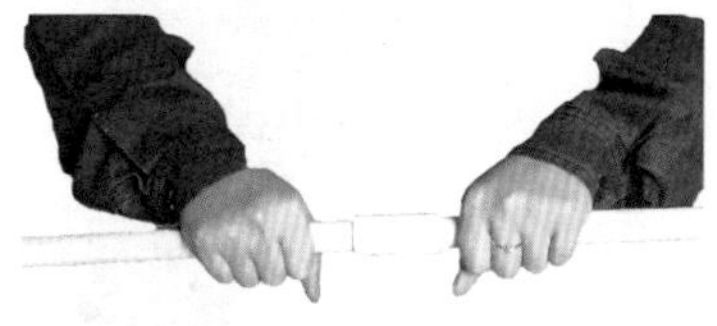

套接法

③ 成品管接头连接

将被连接管两端与管接头涂专用的胶合剂粘接。

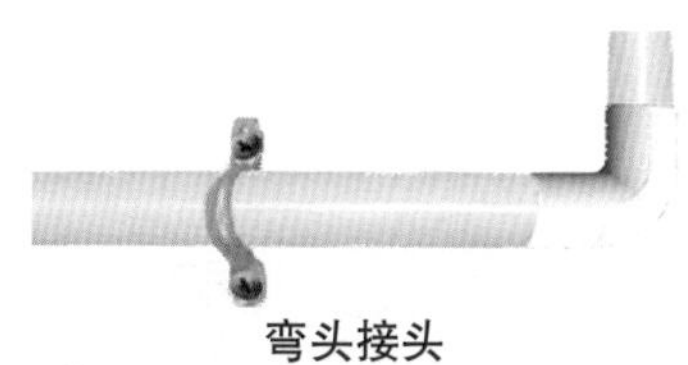

弯头接头

分支接头

（3）管子与盒（箱）连接

① 可采用锁紧螺母或护圈帽固定两种方法，连续配线管口使用金属护圈帽（护口）保护导线时，应将套丝后的管端先拧上锁紧螺母，顺直插入与管外径相一致的盒（箱）内，露出2～4扣的管口螺纹，再拧上金属护圈帽（护口）。

连续配线

② 断续配线管口可使用金属或塑料护圈帽保护导线，这时锁紧螺母扔留出管口 2 ～ 4 扣。

断续配线

4.4.3 管子明装

（1）支架安装

① 安装时先按配线线路划出支撑点、拐弯、器具盒位置，然后在墙上打孔。

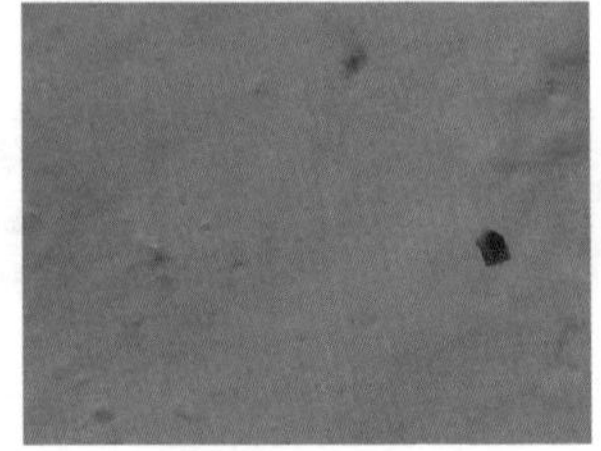

打孔

1 2
3 4

② 将支架先安上膨胀螺栓，然后整体安装并牢固。支架一般用角钢或特制型材加工制作。下料时应用钢锯锯割或用无齿锯下料。

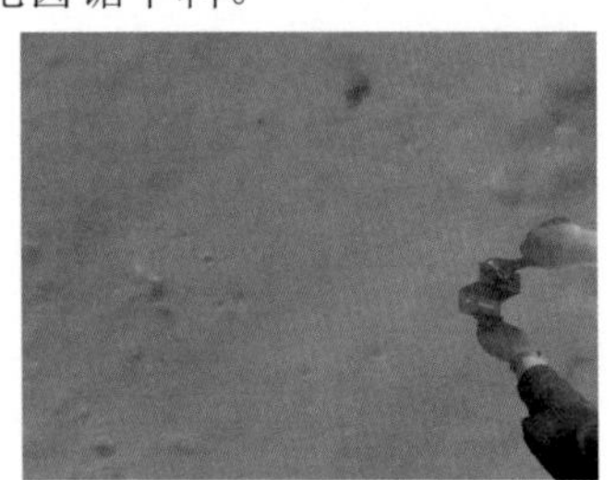

安装支架

③ 将预制好的电线管用双边管卡固定在支架上。

安装电线管

(2)管卡子安装

① 用冲击电钻钻孔。孔径应与塑料胀管外径相同，孔深度不应小于胀管的长度，当管孔钻好后，放入塑料胀管。

应该注意的是沿建筑物表面敷设的明管，一般不采用支架，应用管卡子均匀固定。

安装塑料胀管

② 管固定时应先将管卡的一端螺栓拧进一半，然后将管敷设于管卡内，再将管卡两端用木螺栓拧紧。固定点间的最大距离见下表。

安装电线管

钢管中间管卡最大距离

敷设方式	钢管类型	钢管直径/mm			
		15~20	25~32	40~50	65~100
		最大允许距离/m			
吊架、支架或沿墙敷设	厚壁管	1.5	2.0	2.5	3.5
	薄壁管	1.0	1.5	2.0	

(3)电线管明装的几种做法

① 明配管在拐弯处应煨成弯曲，或使用弯头。

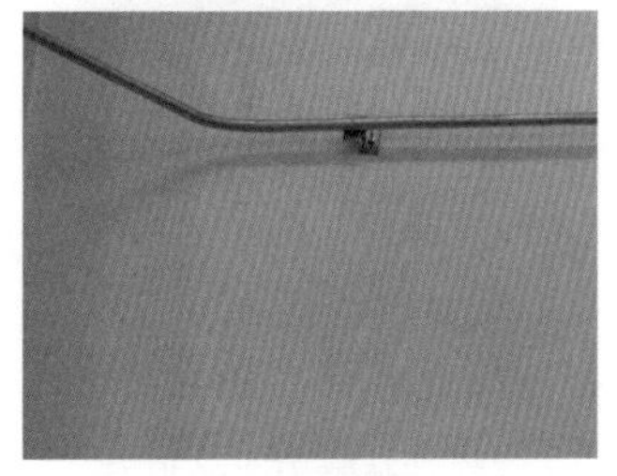

拐弯

② 明配管在绕过立柱处应煨成弯曲，或使用弯头。

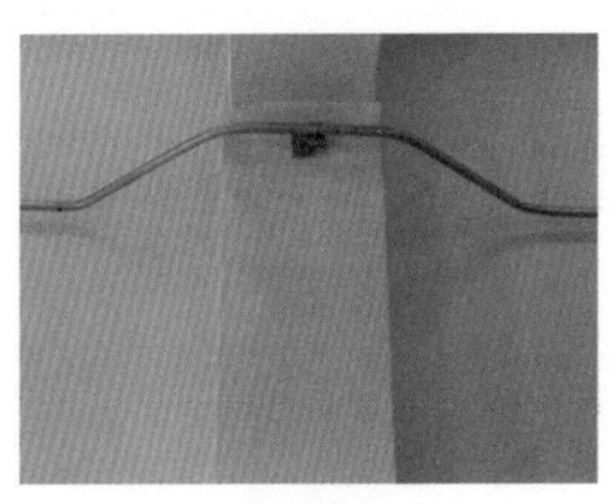

绕过立柱

③ 明配管在绕过其他线管处应煨成弯曲，或使用弯头。

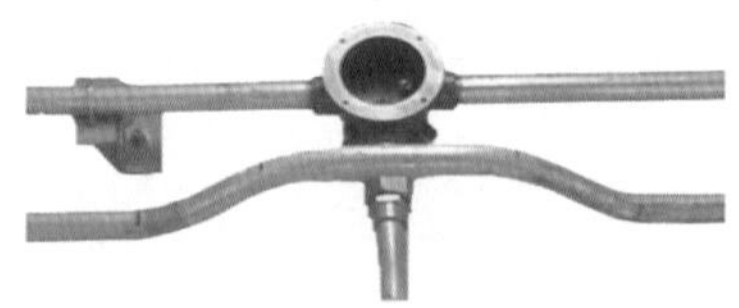

绕过线管

④ 当多根明配管排列敷设时，在拐角处应使用中间接线箱进行连接，也可按管径的大小弯成排管敷设，所有管子应排列整齐，转角部分应按同心圆弧的形式进行排列。

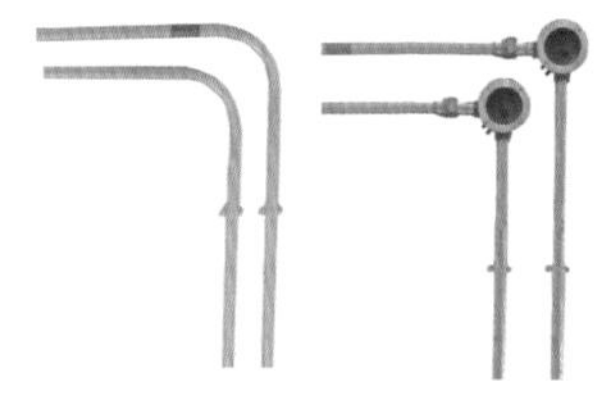

钢管排列敷设拐角

4.4.4 塑料管暗配线

（1）管子在砖混结构工程墙体内的敷设

① 由电工或建筑工人在砌筑的过程中埋入，埋设时所埋管子不能有外露现象，管子离表面的最小净距不应小于埋入 15mm。管与盒周围应用砌筑砂浆固定牢。

塑料管在墙内预埋

② 墙体内水平敷设

管子暗敷设应尽量敷设在墙体内，并尽量减少楼板层内的配管数量。墙体内水平敷设的管径大于 20mm 时，应现浇一段砾石混凝土。

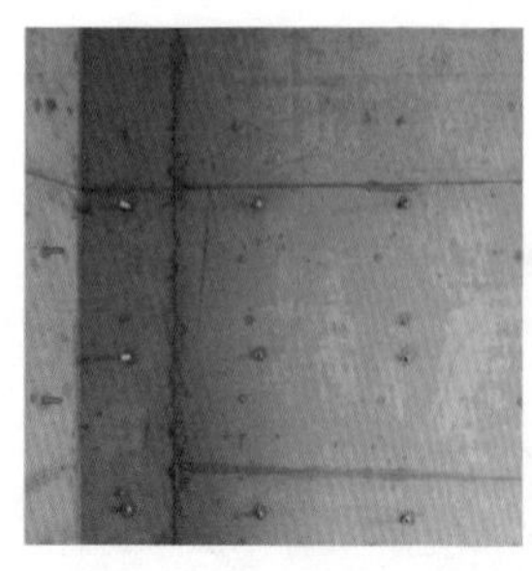

塑料管在墙内水平敷设

（2）现浇混凝土梁内管子敷设

在现浇混凝土梁内设置灯位盒及进行管子顺向敷设时，应在梁底模支好后进行。其灯位盒应设在梁底部中间位置上。

梁内垂直敷设的位置

（3）现浇混凝土楼板内管子敷设

现浇混凝土内敷设灯位盒时，应将盒内用泥团或浸过水的纸团堵严，盒口应与模板紧密贴合固定牢，防止混凝土浆渗入管、盒内。

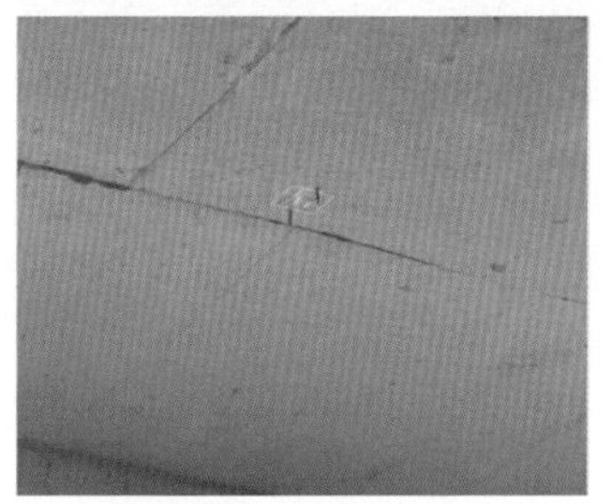

预埋盒口保护的做法

（4）器具盒及配电箱的预埋

① 开关（插座）盒的预埋 在同一工程中预埋的开关（插座）盒，相互间高低差不应大于5mm；成排埋设时不应大于2mm；并列安装高低差不大于0.5mm。并列埋设时应以下沿对齐。

插座盒并列的做法

② 壁灯盒的预埋 按外墙顶部向内墙返尺找标高比较方便，一般情况下住宅楼宜在距墙体顶部下返第六皮砖的上皮放置盒体。

壁灯盒的位置

③ 当墙体顶部有圈梁时，梁的高度也可与砖的高度相抵，为了盒内水平配管不与穿梁方子相遇，盒体可再降低一皮砖。

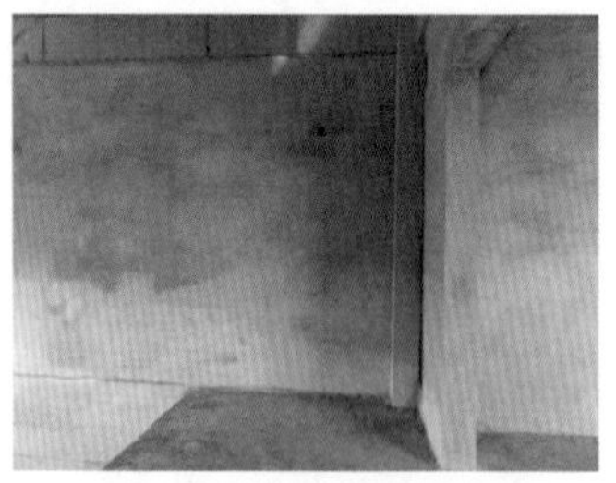

盒上有梁时壁灯盒的位置

④ 吊扇的吊钩应用不小于10mm的圆钢制作。吊钩应弯成┬型或┏型。安装时硬质敷设楼板层管子的同时，一并预埋。

吊扇预埋件的做法

⑤大（重）型灯具预埋件设置

a. 电气照明安装工程除了吊扇需要预埋吊钩外，大（重）型灯具也应预埋吊钩。吊钩直径不应小于6mm。固定灯具的吊钩，除了采用吊扇吊钩预埋方法之外，还可将圆钢的上端弯成弯钩，挂在混凝土内的钢筋上。

楼板预埋钢管吊钩的做法

b. 固定大（重）型灯具除了有的需要预埋吊钩外，有的还需要预埋螺栓。

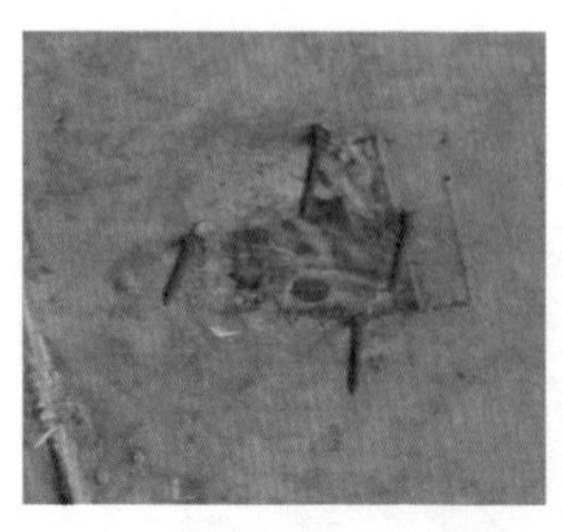

预埋螺栓

4.4.5 管内穿线

(1)穿引线钢丝

将 ϕ1.2～2.0 的钢丝由管一端逐渐送入管中，直到另一端露出头时为止。如遇到管接头部位连接不佳或弯头较多及管内存有异物，钢丝滞留在管路中途时，可用手转动钢丝，使引线头部在管内转动，钢丝即可前进。否则要在另一端再穿入一根引线钢丝，估计超过原有钢丝端部时，用手转动钢丝，待原有钢丝有动感时，即表面两根钢丝绞在一起，再向外拉钢丝，将原有钢丝带出。

穿引钢丝

(2)引线钢丝与导线结扎

① 当导线数量为2～3根时，将导线端头插入引线钢丝端部圈内折回。

② 如导线数量较多或截面较大，为了防止导线端头在管内被卡住，要把导线端部剥出一段线芯，并斜错排好，与引线钢丝一端缠绕。

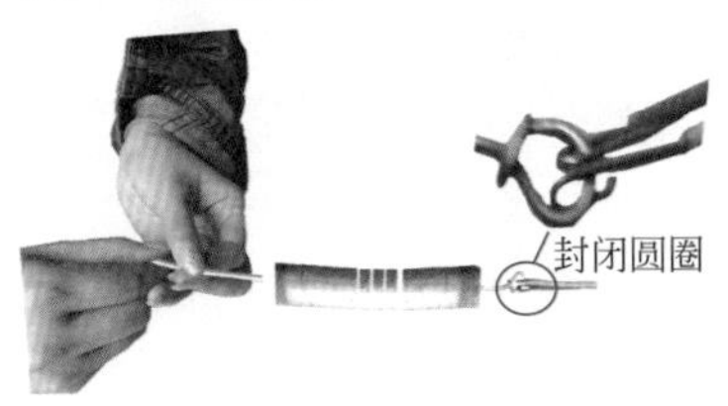

管内穿线的方法

4.5 其他敷设方法

4.5.1 塑料线槽明敷设

(1)塑料线槽无附件安装方法

① 将线槽用钢锯锯成需要形状。

切割

② 如果有毛刺时可用壁纸刀修整。

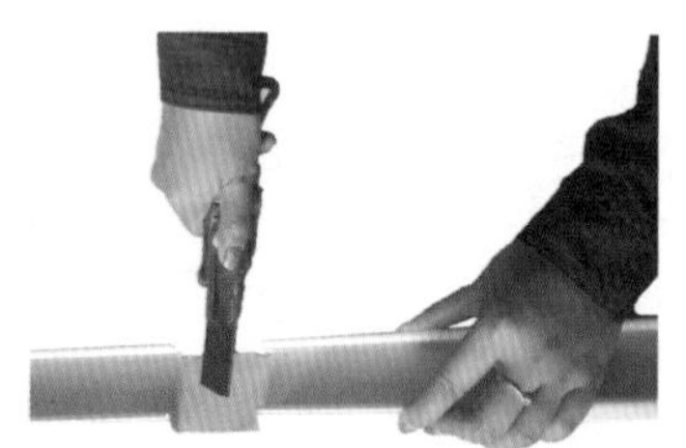

修整

③ 用半圆头木螺栓固定在墙壁塑料胀管上。

固定

(2)无附件安装常用做法

① 直线敷设线槽端部应增设固定点。

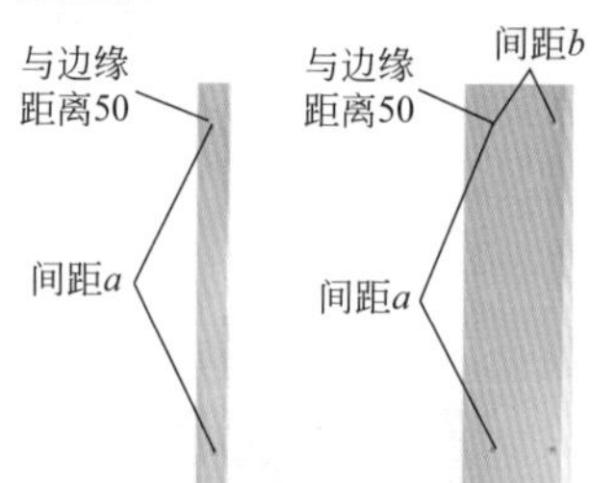

(a) 60以下槽板　　(b) 60以上槽板

槽宽度/mm	a/mm	b/mm
25	500	—
40	800	—
60	1000	30
80、100、120	800	50

(c) 有关数据

直线敷设

② 十字交叉敷设锯槽时要在槽盖侧边预留插入间隙。

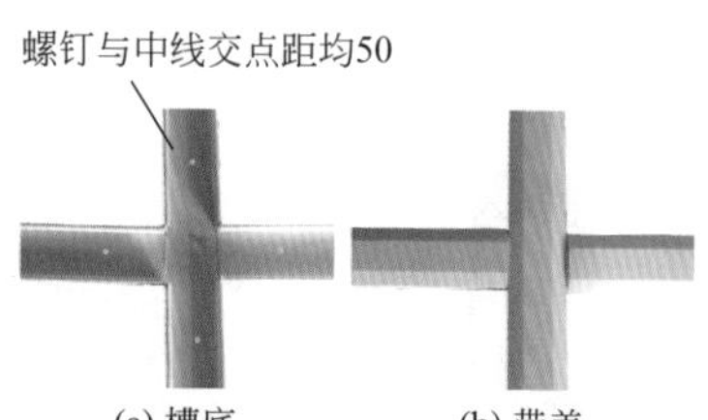

(a) 槽底　　(b) 带盖

十字交叉敷设

③ 分支敷设槽盖开口为两个45°，以求美观。

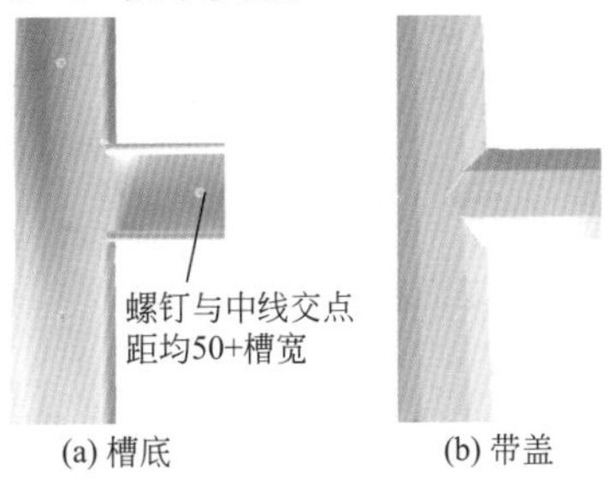

(a) 槽底 (b) 带盖

分支敷设

④ 转角敷设线槽底、盖都开口45°。

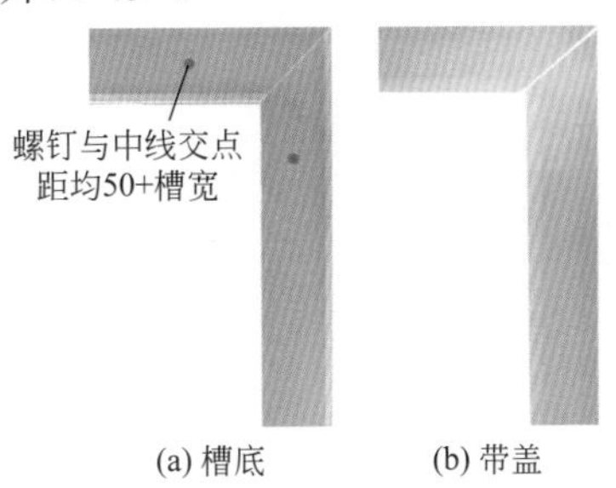

(a) 槽底 (b) 带盖

转角敷设

（3）塑料线槽有附件安装方法

① 槽底的安装方法与无附件安装相同。

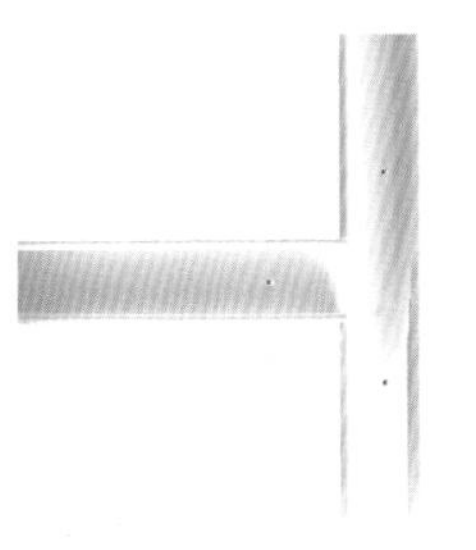

槽底安装

② 安装时直线接口尽量位于转角中心，贴紧。

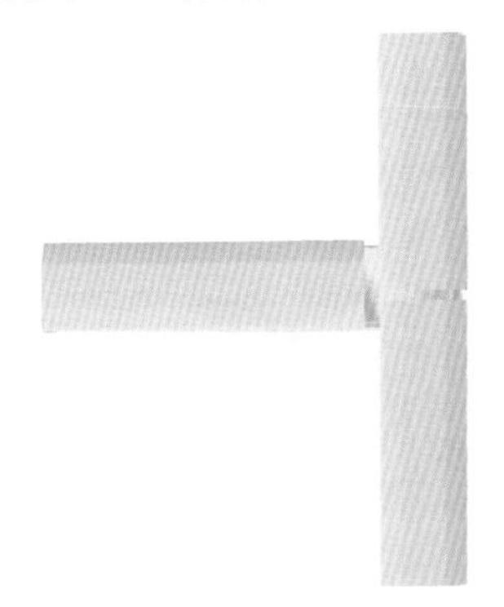

槽盖安装

③ 扣上平三通。

安装附件

(4)塑料线槽有附件安装常用做法

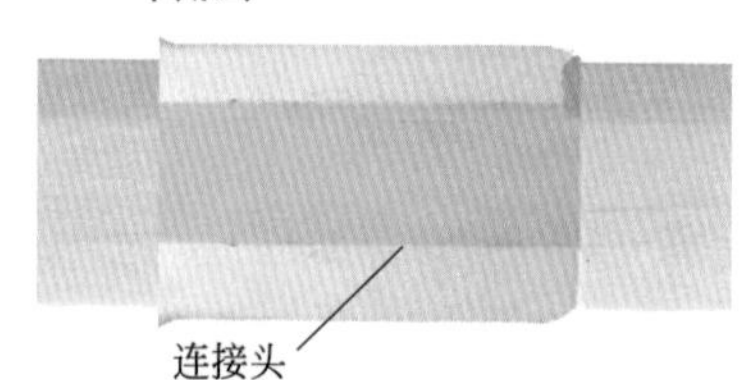

直线段

① 直线段采用连接头连接。固定点数量见下表。

线槽有附件安装固定点数量

线槽宽W/mm	a/mm	b/mm	固定点数量			固定点位置
			十字接	三通	直转角	
25			1	1	1	在中心点
40	20		4	3	2	在中心线
60	30		4	3	2	
100	40	50	9	7	5	1处在中心点

② 变宽采用大小接连接。

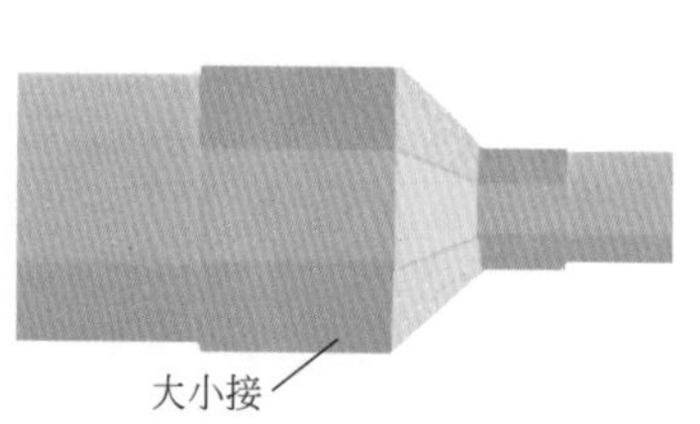

变宽

③ 不同平面连接采用阳角和阴角。

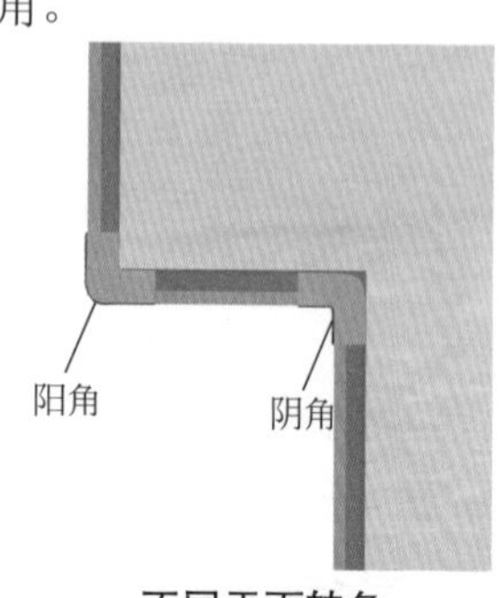

不同平面转角

④ 与接线盒（箱）连接采用插口。

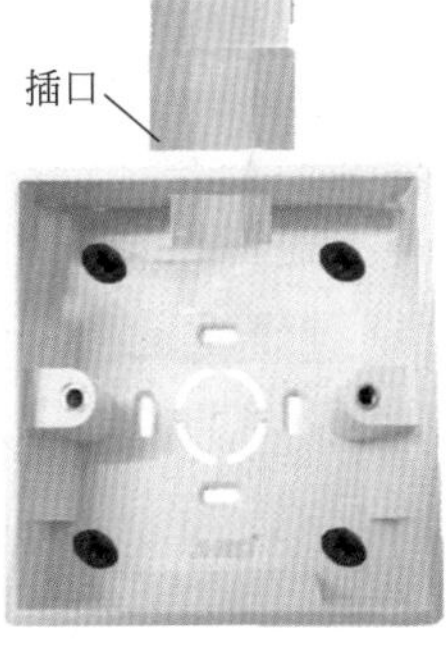

与接线盒（箱）连接

4.5.2 钢索线路的安装

（1）钢索的制作

① 将钢索预留 100 ～ 200mm 长度穿过挂环等物件，折回后用绑线缠绕几回。

② 在靠近绑线处安装一个卡扣，在钢索线头处再安装一个卡扣。

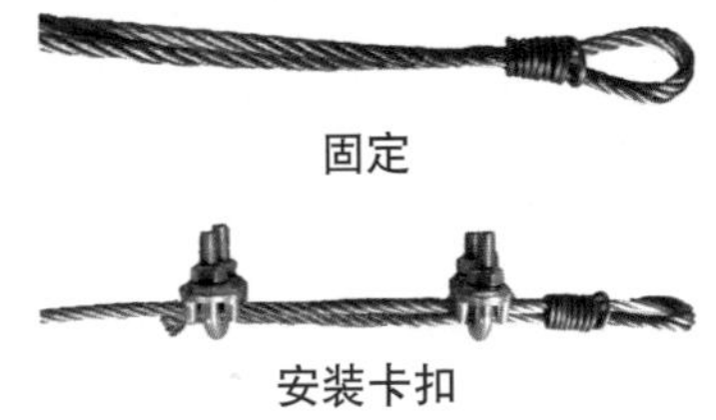

固定

安装卡扣

（2）线路的安装方法

① 根据设计图纸，在墙、柱或梁等处，埋设支架、抱箍、紧固件以及拉环等物件。

物件埋设

② 根据设计图纸的要求，将一定型号、规格与长度的钢索组装好，架设到固定点处，并用花篮螺栓将钢索拉紧。

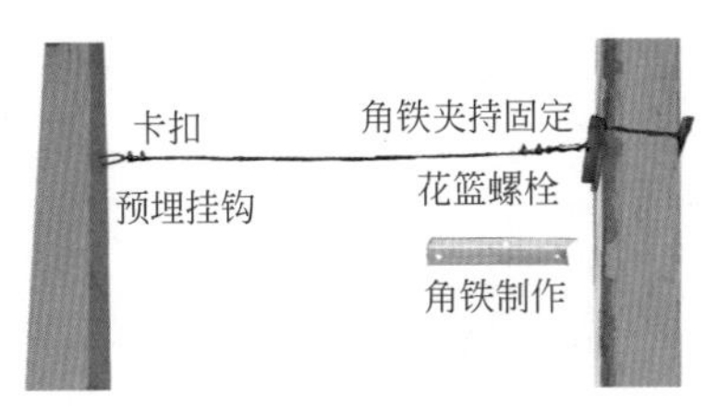

钢索线路的安装

(3)钢索吊装塑料护套线线路的安装

钢索吊装塑料护套线可以采用绑线将塑料护套线固定在钢索上，照明灯具可以使用吊杆吊灯，灯具可用螺栓与接线盒固定。

钢管上的吊卡距接线盒间的最大距离不应大于200mm，吊卡之间的间距不应大于1500mm。

钢索吊装护套线敷设

1 2
3 4

(4)钢索吊装线管线路的安装

吊装钢管布线完成后，应做整体的接地保护，管接头两端和铸铁接线盒两端的钢管应用适当的圆钢作焊接地线，并应与接线盒焊接。最后，钢索吊装线管配线。

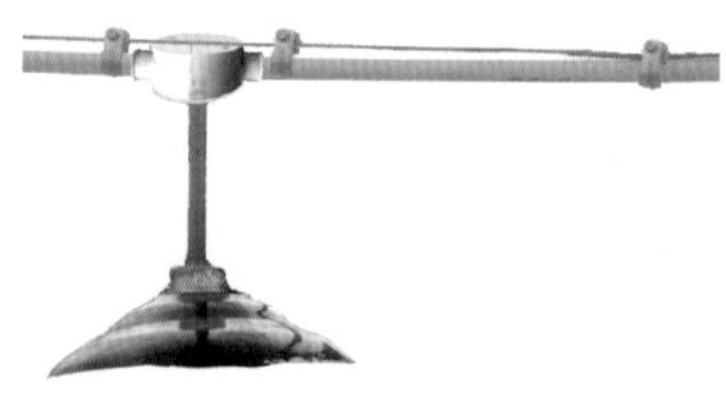

钢索吊装线管敷设

4.6 导线连接与绝缘恢复

4.6.1 绝缘层的去除

(1)塑料导线绝缘层的去除

① 将电工刀以近于90°切入绝缘层。

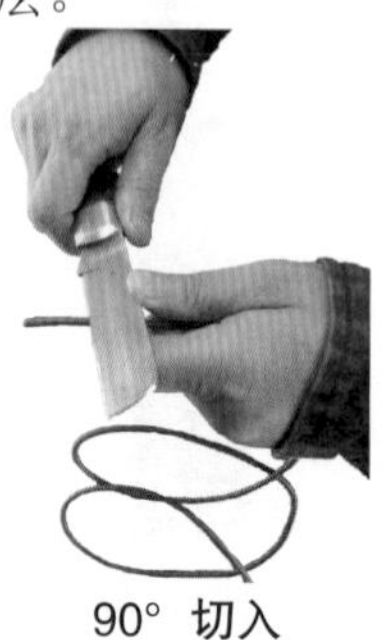

90° 切入

② 将电工刀以45°角沿绝缘层向外推削至绝缘层端部。

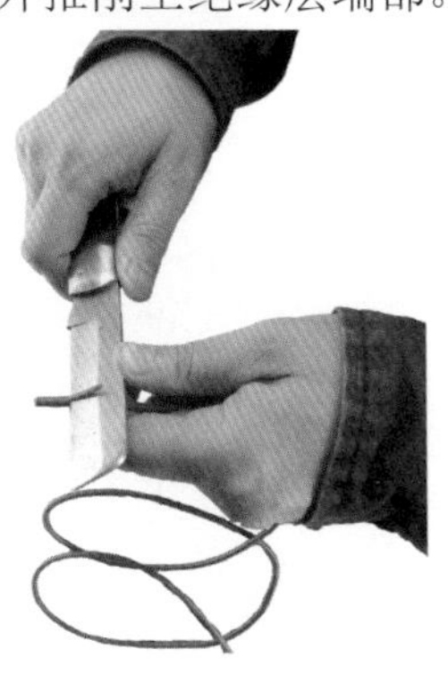

45° 推削

③ 将剩余绝缘层翻过来切除。

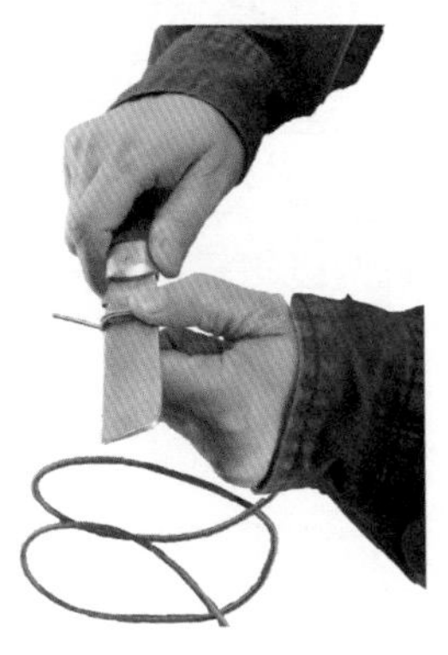

切除绝缘层

1 2
3 4

(2) 护套线绝缘层去除

① 将电工刀自两芯线之间切入，破开外绝缘层。

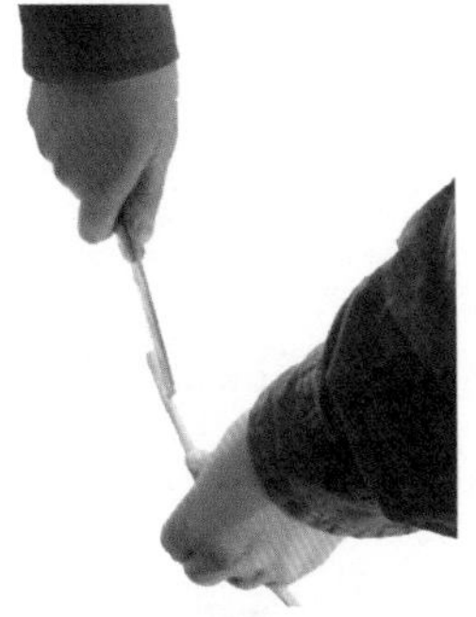

破开

② 将外绝缘层翻过来切除。

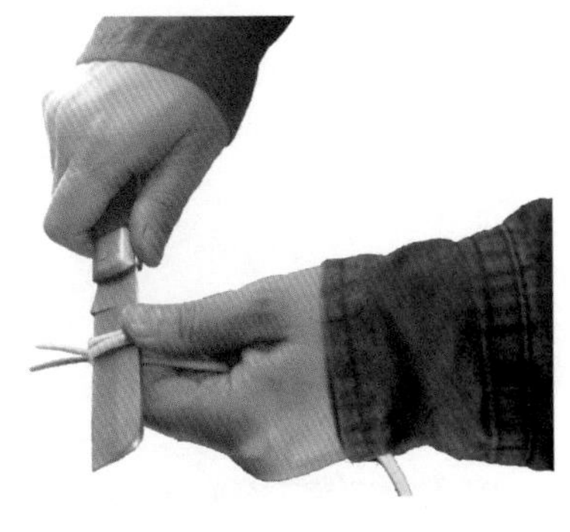

切除

4.6.2 单股导线连接

(1) 直接连接

1）绞接法

① 将两线相互交叉成 X 状。

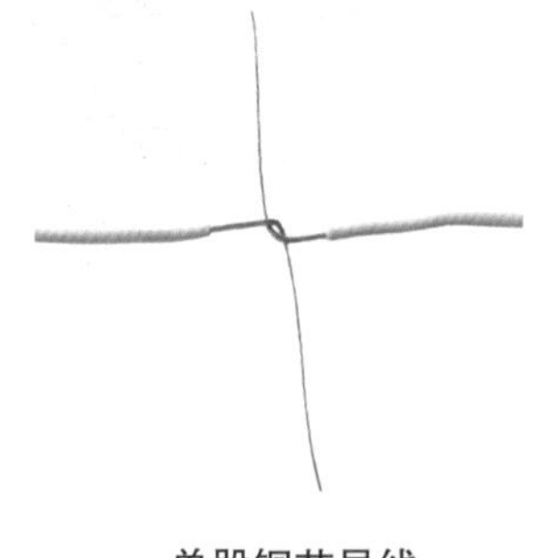

单股铜芯导线

② 用双手同时把两芯线互绞两圈后，再扳直与连接线成 90°。

互绞两圈

③ 将每个线芯在另一线芯上缠绕 5 回，剪断余头。

绞接法适用于 $4.0mm^2$ 及以下单芯线连接。

各缠5圈

2）缠卷法

① 将两线相互并和，加辅助线后，用绑线在并和部位中间向两端缠卷（即公卷），长度为导线直径的 10 倍。

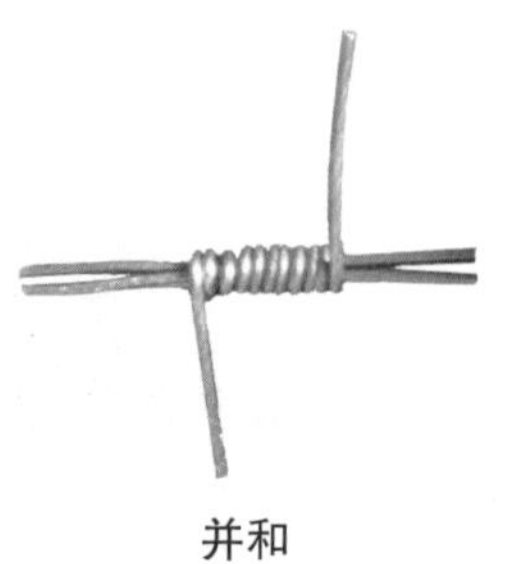

并和

② 将两线芯端头折回，在此向外自身单卷 5 回。

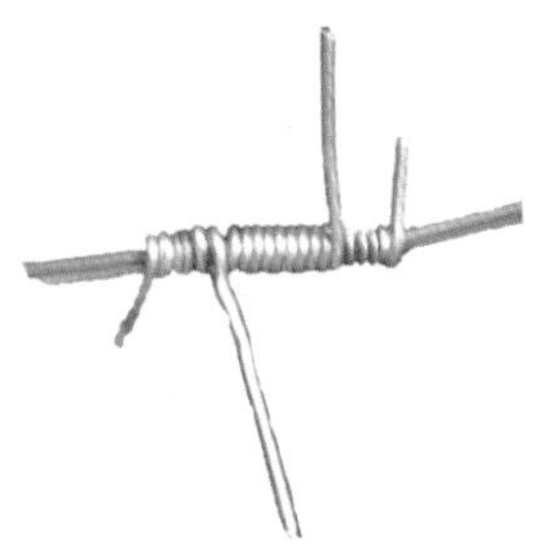

单卷5回

③ 与辅助线互绞捻卷 2 回，余线剪掉。

缠卷法适用于 $6.0mm^2$ 及以上的单芯直接连接。

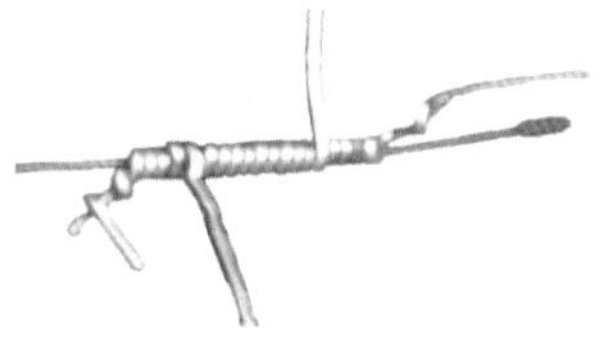

与辅助线互绞2回

1 2
3 4

（2）分支接法

1）T 字绞接法

① 用分支的导线的线芯往干线上交叉。

交叉

② 先粗卷 1 ～ 2 圈（或打结以防松脱），然后再密绕 5 圈，余线剪掉。

T 字绞接法适用于 $4.0mm^2$ 以下的单芯线。

缠绕5回

2）T 字缠绕法

① 将分支导线折成 90° 紧靠干线，先用辅助线在干线上缠 5 圈。

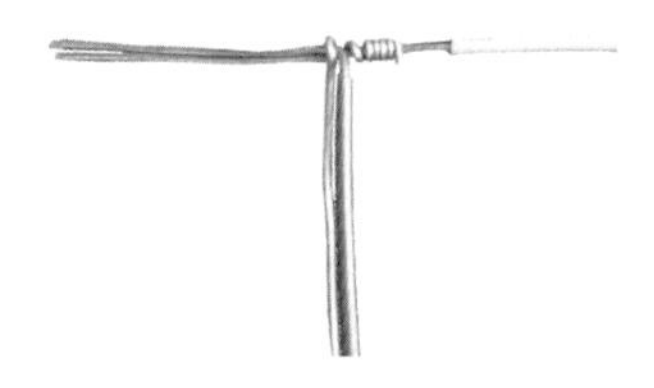

辅助一侧线缠5圈

② 再在另一侧缠绕 5 圈，公卷长度为导线直接的 10 倍。

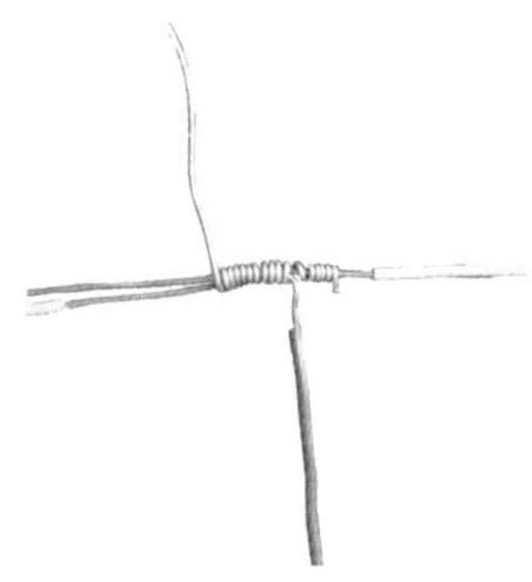

辅助线另一侧缠5圈

③ 单卷 5 圈后余线剪掉。

T 字缠绕法适用于 6.0mm^2 及以上的单芯连接。

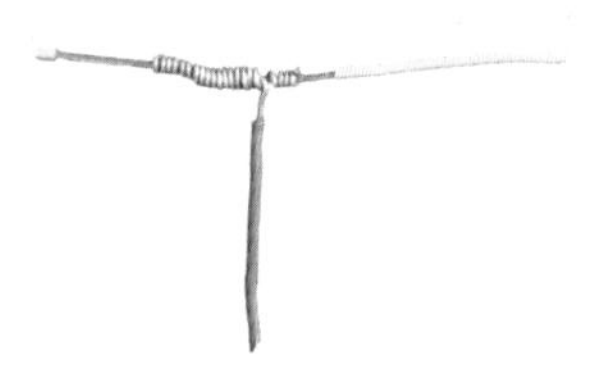

自身5圈

3）十字分支连接

① 参照 T 字绞接法。拿一根在干线上缠绕 5 回，剪掉余端。

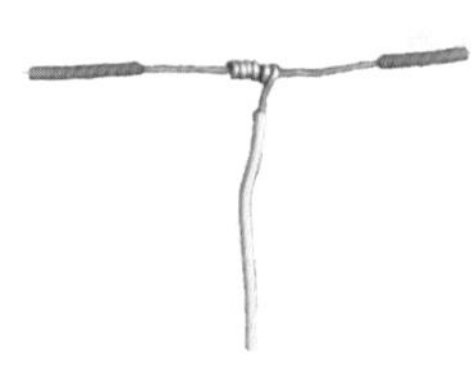

一根缠绕5回

② 拿另一根在干线另一侧缠绕 5 回，剪掉余端。

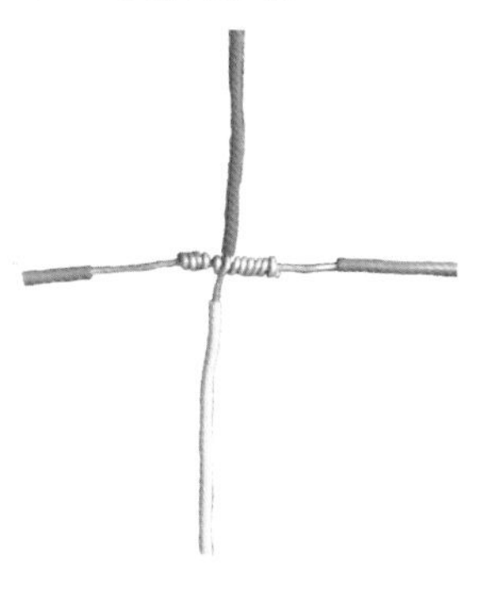

另一根缠绕5回

4.6.3 多股导线的连接

(1) 7股芯线的直接法

1）复卷法

① 将剥去绝缘层的芯线逐根拉直，绞紧占全长 1/3 的根部，把余下 2/3 的芯线分散成伞状。把两个伞状芯线隔根对插，并捏平两端芯线。

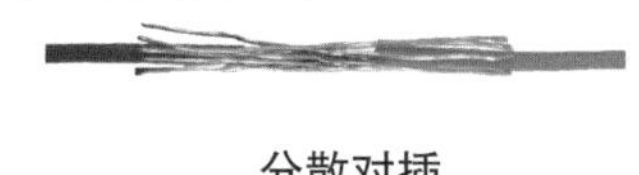

分散对插

② 把一端的 7 股芯线按 2、2、3 根分成三组，接着把第一组 2 根芯线扳起，按顺时针方向缠绕 2 圈后扳直余线。

第一组缠绕

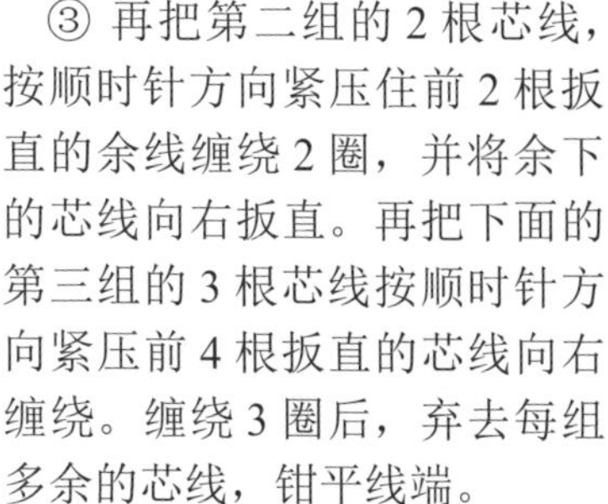

③ 再把第二组的 2 根芯线，按顺时针方向紧压住前 2 根扳直的余线缠绕 2 圈，并将余下的芯线向右扳直。再把下面的第三组的 3 根芯线按顺时针方向紧压前 4 根扳直的芯线向右缠绕。缠绕 3 圈后，弃去每组多余的芯线，钳平线端。

缠绕一端

④ 用同样方法再缠绕另一边芯线。

缠绕另一端

2）单卷法

① 先捏平两端芯线，取任意两相临线芯，在接合处中央交叉。

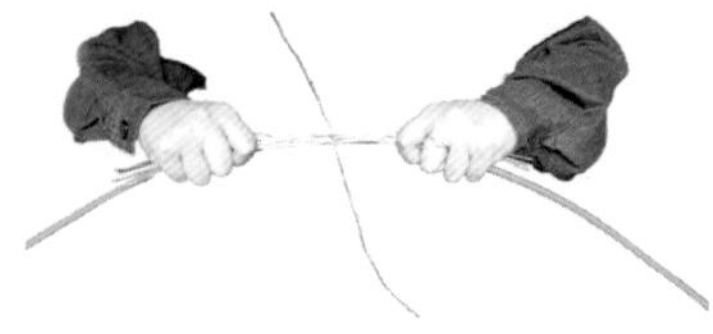

捏平交叉

1 2
3 4

② 用一线端的一根线芯做绑扎线，在另一侧导线上缠绕 5 ～ 6 圈。

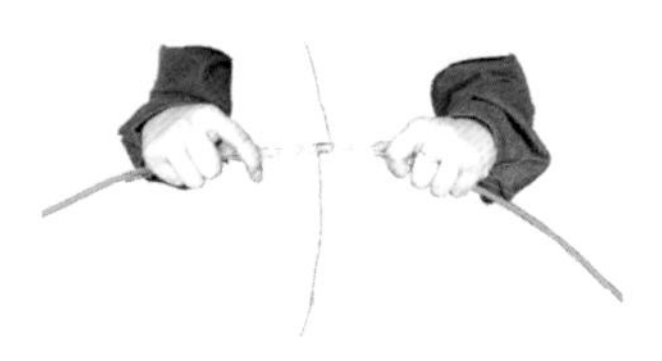

一根缠绕

③ 再用另一根线芯与绑扎线相绞后，把原绑扎线压在下面继续按上述方法缠绕，缠绕长度为导线直径的 10 倍，最后缠绕的线端与一余线捻绞 2 圈后剪断。

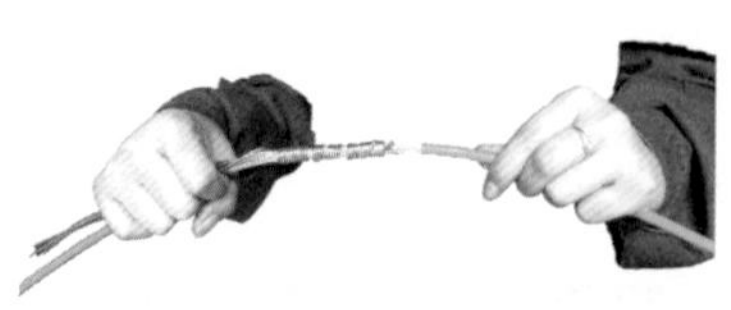

缠绕一端

④ 另一侧导线依同样方法进行，应把线芯相绞处排列在一条直线上。

缠绕另一端

3）缠卷法

① 先捏平两端芯线，用绑线在导线连接中部开始向两端分别缠卷，长度为导线直径的10倍。

缠绕

1 2
3 4

② 余线与其中一根连接线芯捻绞2圈，剪掉余线。

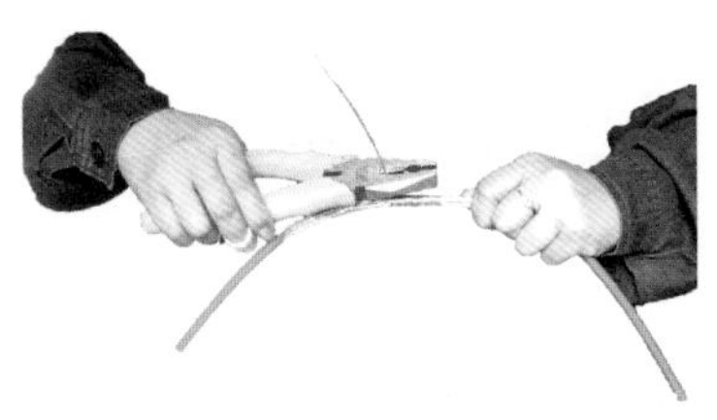

剪掉余线

（2）7股铜芯线T字分支接法

1）复卷法

① 把支路芯线松开钳直，将近绝缘层1/8处线段绞紧，把7/8线段的芯线分成4根和3根两组，然后用螺钉旋具将干线也分成4根和3根两组。

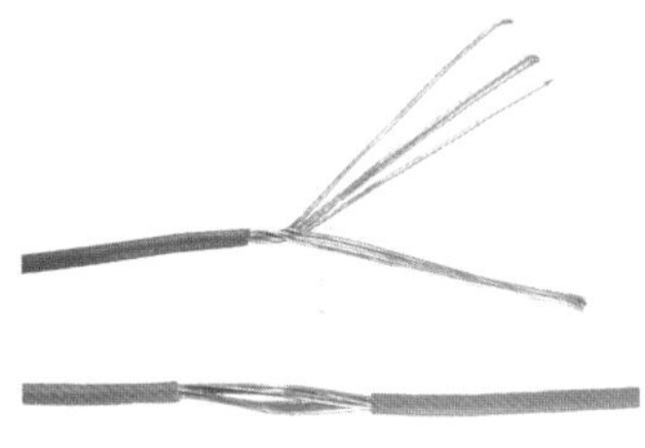

分组

②并将支线中一组芯线插入干线两组芯线间。

插入

③把右边3根芯线的一组往干线一边顺时针紧紧缠绕3～4圈。

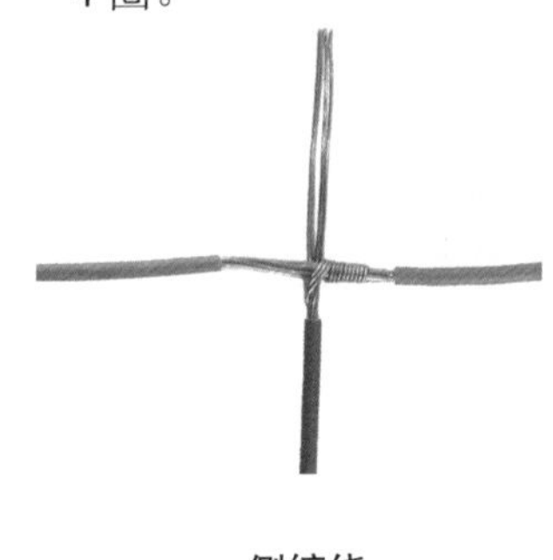

一侧缠绕

④再把左边4根芯线的一组按逆时针方向缠绕4～5圈，钳平线端并切去余线。

另一侧缠绕

2）单卷法

①将分支线折成90°靠紧干线，在绑线端部相应弯成半圆形，将绑线短端与半圆形成90°，与连接线靠紧。

靠紧干线

② 用长端缠卷，长度达到导线结合处直径5倍时，将绑线两端部捻绞2圈，剪掉余线。

缠绕

3）缠卷法

① 将分支线破开根部折成90°紧靠干线。

靠紧干线

② 用分支线其中一根线芯在干线上缠卷，缠卷3～5圈后剪掉，再用另一根线芯，继续缠卷3～5圈后剪掉，依此方法直至连接到双根导线直径的5倍时为止。应使剪断处处在一条直线上。

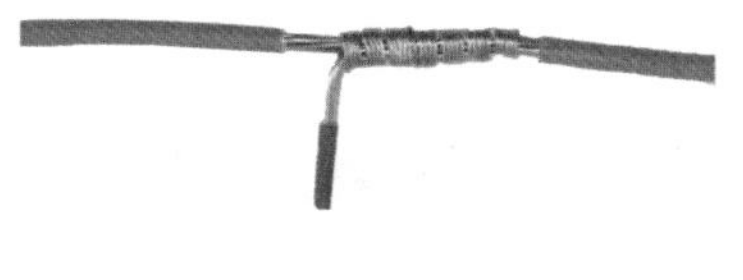

缠绕

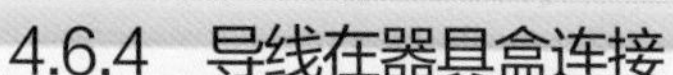

4.6.4 导线在器具盒连接

（1）两根导线连接

将连接线端并合，在距绝缘层15mm处将线芯捻绞2圈以上。

捻绞2圈以上

② 留适当长度的余线，剪掉折回压紧，防止线端插破所绑扎的绝缘层。

折回剪掉

（2）三根及以上导线连接

① 将连接线端相并合，在距离绝缘层 15mm 处用其中一根线芯，在连接线端缠绕 5 圈剪掉。

并和

② 把余线折回压在缠绕线上。

并和

（3）不同直径导线连接

① 如果细导线为软线时，则应先进行挂锡处理。先将细线压在粗线距离绝缘层 15mm 处交叉，并将线端部向粗线端缠卷 5 圈。

缠绕

② 将粗线端头折回剪掉，压在细线上。

折回

（4）绞线并接

① 将绞线破开顺直并合拢。

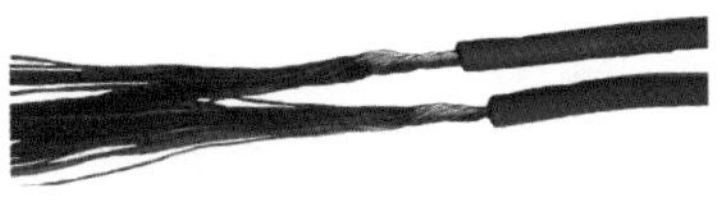

并和

② 用多芯分支连接缠卷法弯制绑线，在合拢线上缠卷。其长度为双根导线直径的5倍。

缠绕

4.6.5 导线与器具连接

（1）线头与针孔式接线桩连接

① 把芯线先按电器进线位置弯制成型。

弯制成型

② 将线头插入针孔并旋紧螺钉。如单股芯线较细，可将芯线线头折成双根，插入针孔再旋紧螺钉。

插入拧紧

（2）线头与螺钉平压式接线桩的连接

1）制作压接圈

① 把在离绝缘层根部 1/3 处向左外折角（多股导线应将离绝缘层根部约 1/2 长的芯线重新绞紧，越紧越好）。

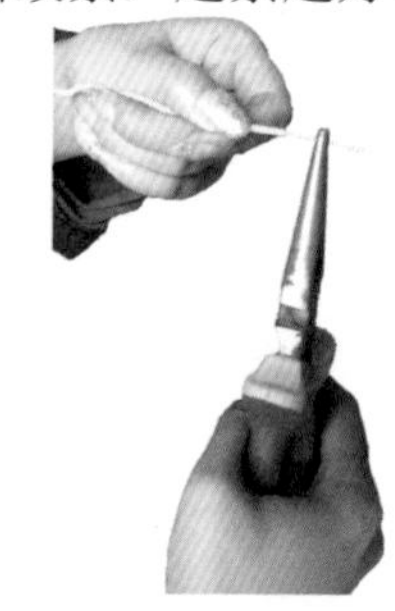

外折

② 弯曲圆弧。当圆弧弯曲得将成圆圈（剩下 1/4）时，应将余下的芯线向右外折角，然后使其成圆，捏平余下线端，使两端芯线平行。

弯圈

2）连接

① 旋松螺帽，将压接圈插入线桩。

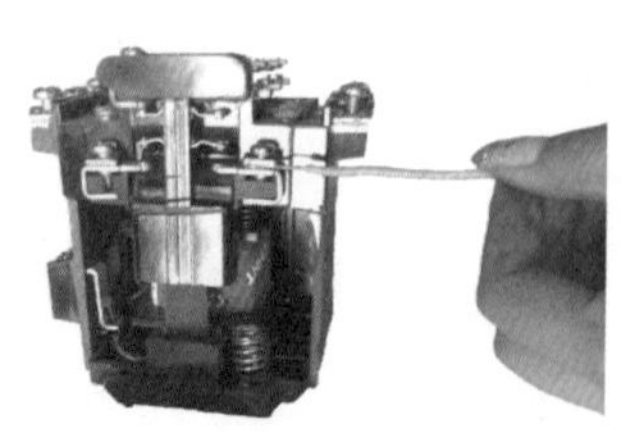

插入线桩

② 向回拉，将压接圈套在螺杆上。

靠紧

③ 用螺丝刀将螺帽拧紧。

对于较大截面芯线则应装上接线耳，由接线耳与接线桩连接。

拧紧

1 2
3 4

4.6.6 导线绝缘恢复

(1) 直线连接包扎

① 绝缘带应先从完好的绝缘层上包起，先从一端 1 ～ 2 个绝缘带的带幅宽度开始包扎。

开始包扎

② 在包扎过程中应尽可能的收紧绝缘带，包到另一端在绝缘层上缠包 1 ～ 2 圈，再进行回缠。

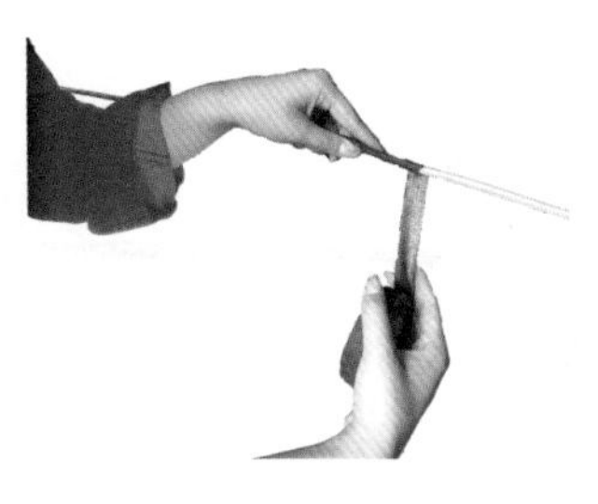

收紧绝缘带

③ 半叠半包缠应不少于2层。

包扎两层

④ 要衔接好，应用黑胶布的黏性使之紧密地封住两端口，并防止连接处线芯氧化。

包扎要紧密

1 2
3 4

（2）并接头包扎

① 将高压绝缘胶布其拉长2倍，并注意其清洁，否则无黏性。

拉长2倍

② 包缠到端部时应再多缠1～2圈，然后由此处折回反缠压在里面，应紧密封住端部。

端部多包1~2圈

③连接线中部应多包扎1～2层，使之包扎完的形状呈枣核型。还要注意绝缘带的起始端不能露在外部，终了端应再反向包扎2～3回，防止松散。

包成枣核状

1 2
3 4

4.7 电气照明的维修

4.7.1 常用照明控制线路

（1）一只单联开关控制一盏灯线路

一只开关控制一盏灯线路是最简单的照明布置。电源进线、开关进线、灯头接线均为2根导线（按规定2根导线可不画出其根数）。

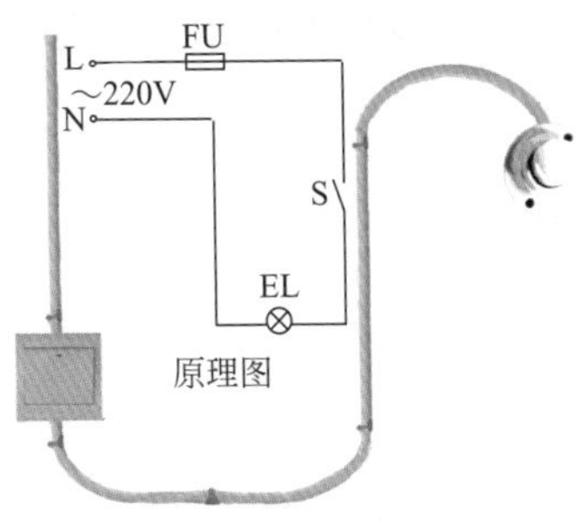

一只单联开关控制一盏灯线路

（2）一只单联开关控制一盏灯并另接一插座线路

在开关旁边并接一个插座，是一只单联开关控制一盏灯的扩展。

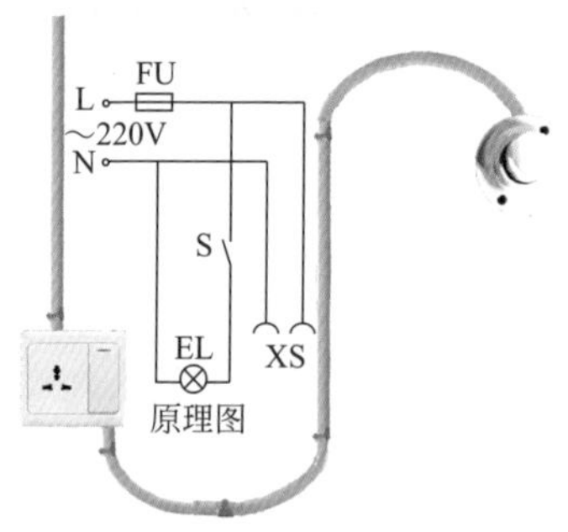

一只单联开关控制一盏灯并另接一插座线路

（3）一只单联开关控制两盏灯线路

两盏灯共用一个开关，同开同灭。

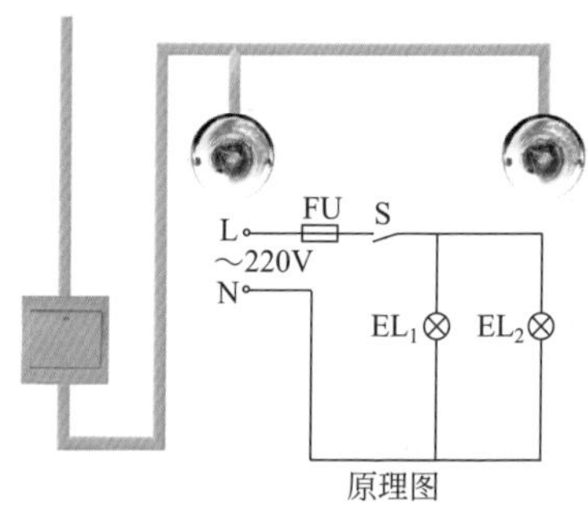

一只单联开关控制两盏灯线路

4.7.2 照明线路短路故障判断

（1）干线检查

将被测线路上的所有支路上的开关均置于断开位置，把线路的总开关拉开，将试灯串接在被测线路中，然后闭合总开关。如此时试灯能正常发光，说明该线路确有短路故障且短路故障在线路干线上，而不在支线上；如试灯不亮，说明该线路干线上没有短路故障，而故障点可能在支线上，下一步应对各支路按同样的方法进行检查。

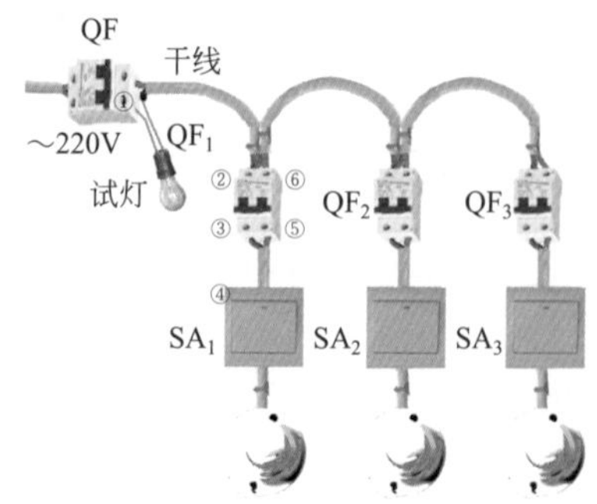

干线查找

（2）支线检查

在检查到直接接照明负荷的支路时，可顺序将每只灯的开关闭合，并在每合一个开关的同时，观察试灯能否正常发光，如试灯不能正常发光，说明故障不在此灯的线路上；如在合至某一只灯时，试灯正常发光，说明故障在此灯的接线中。

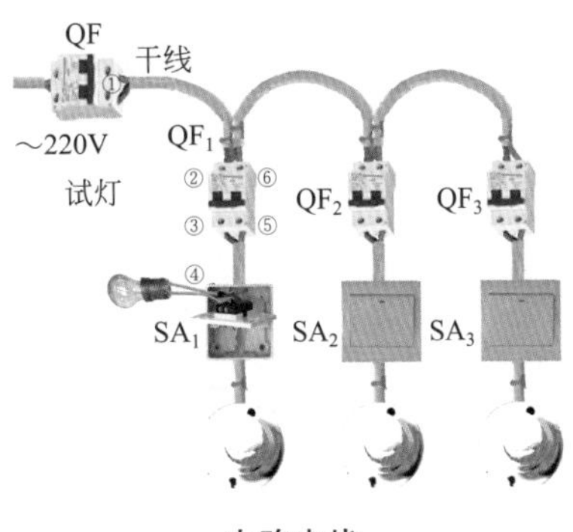

支路查找

4.7.3 照明线路断路故障

（1）试电笔法

可用试电笔、万用表、试灯等进行测试，采用分段查找与重点部位检查相结合进行，对较长线路可采用对分法查找断路点。

以左边支路为例（下同），合上各开关，用试电笔依次测试①、②、③、④、⑤各点，测量到哪一点试电笔不亮即为断路处。应当注意的是测量要从相线侧开始，依次测量，且要注意观察试电笔的亮度，防止因外部电场、泄漏电流引起氖管发亮，而误认为电路没有断路。

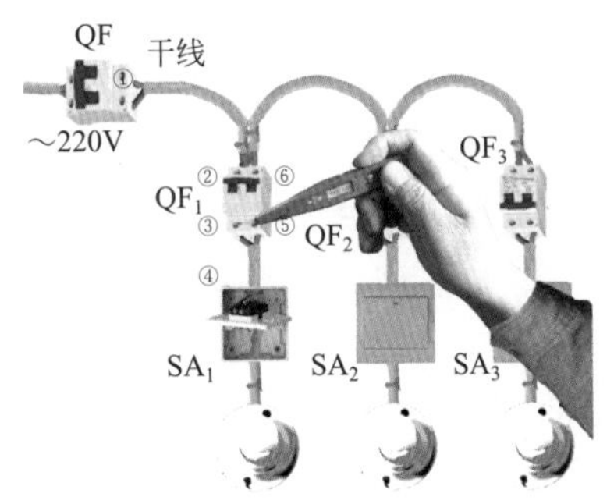

用试电笔查照明线路断路故障

（2）万用表电压分阶测量法

合上各开关，先可测量①、⑥点间的电压，若为220V，说明电压正常，然后将一表棒接到⑥上，另一表棒按②、③、④、⑤点依次测量，分别测量⑥—②、⑥—③、⑥—④、⑥—⑤各阶之间的电压，各阶的电压都为220V说明电路工作正常；若测到⑥—④电压为220V，而测到⑥—⑤无电压，说明断路器附近断路。

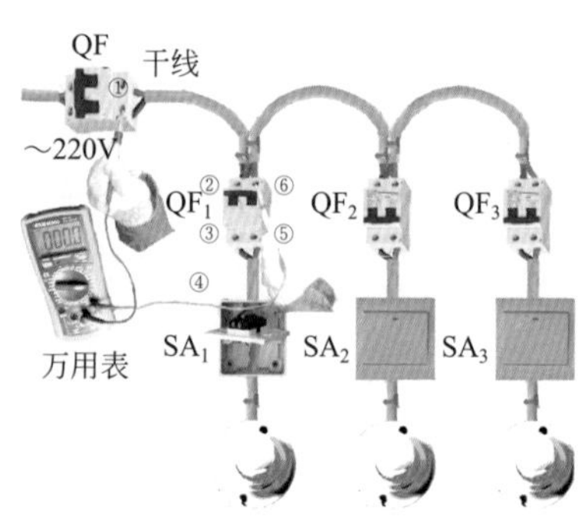

电压分阶法查照明线路断路故障

（3）万用表电压分段测量法

合上各开关，先测试①—⑥两点间电压，若为220V，说明电源电压正常，然后逐段测量相邻点①—②、②—③、③—④、④—⑤、⑤—⑥间的电压。若测量到某两点间的电压为0V时，说明这两点间有断路现象。

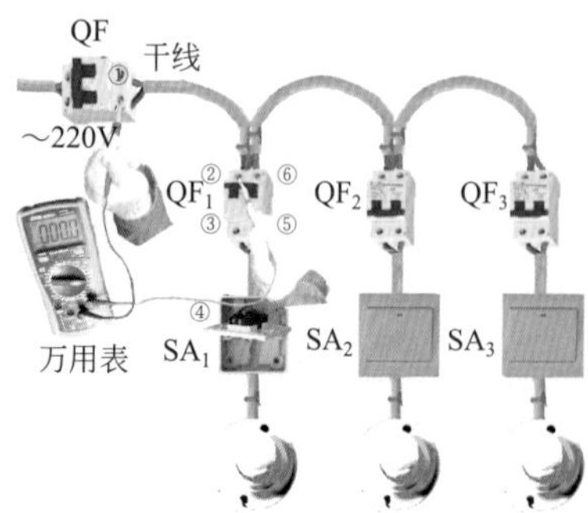

电压分段法查照明线路断路故障

（4）万用表电阻分阶测量法

首先断开电源QF，然后按下QF_1、SA_1，测量①—⑥两点间的电阻，若电阻为无穷大，说明①—⑥之间电路断路，然后分别测量①—②、①—③、①—④、①—⑤各点之间的电阻值，若某点电阻值为0（注意灯泡的电阻不为零）说明电路正常；若测量到某线号之间的电阻值为无穷大，说明该点或连接导线有断路故障。

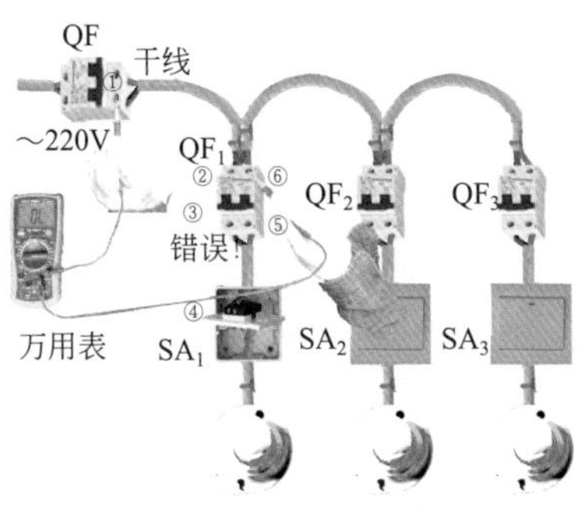

电阻分阶法查照明线路断路故障

（5）万用表电阻分段测量法

检查时，先按下QF_1、SA_1，然后依次逐段测量相邻点①—②、②—③、③—④、④—⑤、⑤—⑥间的电阻值，若测量某两线号的电阻值为无穷大，说明该触点或连接导线有断路故障。

电阻测量法虽然安全，但测得的电阻值不准确时，容易造成错误判断。

注意以下事项。

① 用电阻测量法检查故障时，必须先断开电源。

② 若被测电路与其他电路并联时，必须将该电路与其他电路断开，否则所测得的电阻值误差较大。

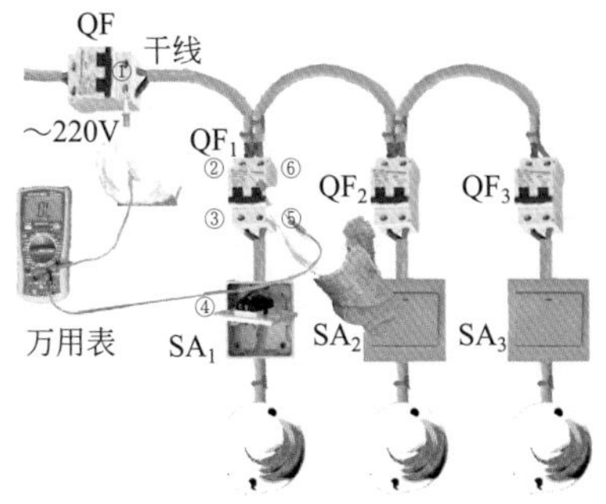

电阻分段法查照明线路断路故障

4.7.4 照明线路漏电

① 在被测线路的总开关上接上一只电流表，断开负荷后接通电源，如电流表的指针摆动，说明有漏电。

② 切断零线，如电流表指示不变或绝缘电阻不变，说明相线与大地之间漏电。如电流表指示回零或绝缘电阻恢复正常，说明相线与零线之间漏电。如电流表指示变小但不为零，或绝缘电阻有所升高但仍不符合要求，说明相线与零线、相线与大地之间均有漏电。

③ 取下分路熔断器或拉开分路开关，如电流表指示或绝缘电阻不变，说明总线路漏电。如电流表指示回零或绝缘电阻恢复正常，说明分路漏电。如电流表指示变小，但不为零，或绝缘电阻有所升高，但仍不符合要求，说明总线路与分线路都有漏电，这样可以确定漏电的范围。

1 2
3 4

④ 按上述方法确定漏电的分路或线段后，再依次断开该段线路灯具的开关，当断开某一开关时，电流表指示回零或绝缘电阻正常，说明这一分支线漏电。如电流表指示变小或绝缘电阻有所升高，说明除这一支路漏电外，还有其他漏电处。如所有的灯具开关都断开后，电流表指示不变或绝缘电阻不变，说明该段干线漏电。

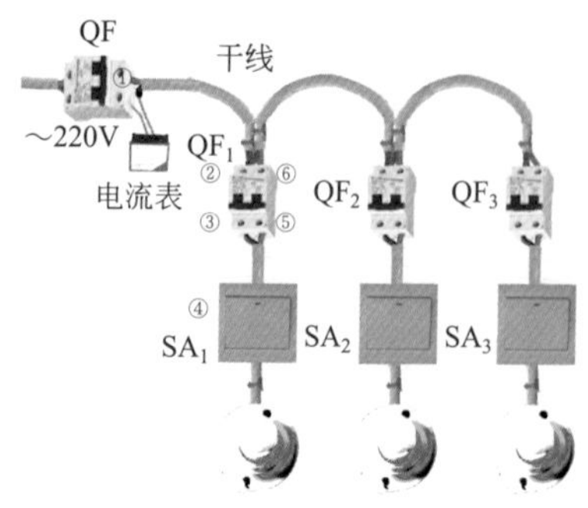

电流表法查照明线路漏电故障

4.7.5 照明线路绝缘电阻降低

① 在总断路器后接一个兆欧表，切断零线，拉开分路断路器，用兆欧表测量绝缘电阻值的大小，如果绝缘电阻为零，说明接地点在干线上。

② 如果绝缘电阻不为零，分别合上分路断路器，如果合上某个断路器后，绝缘电阻变为零，说明接地点在该分路上。

③ 按上述方法确定接地的分路后，再依次测量该段线路各段导线，如果某段绝缘电阻为零，说明该段接地，可进一步检查该段线路的接头、接线盒、电线过墙处等是否有绝缘损坏情况，并进行处理。

检查时，先按下 QF_1、SA_1，然后依次逐段测量相邻点①—②、②—③、③—④、④—⑤、⑤—⑥间的电阻值，若测量某两线号的电阻值为无穷大，说明该触点或连接导线有断路故障。

电阻测量法虽然安全，但测得的电阻值不准确时，容易造成错误判断。

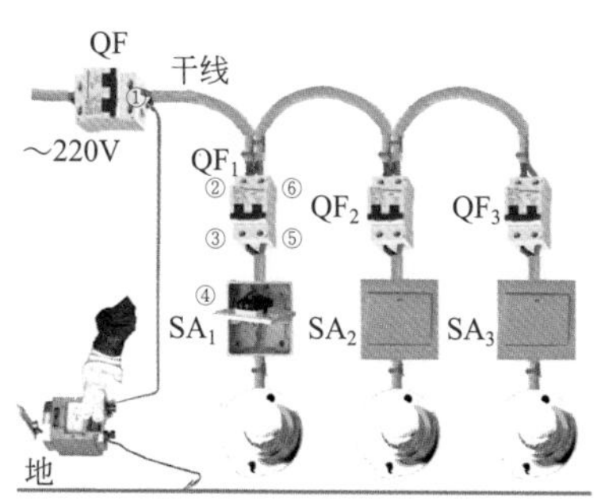

兆欧表法查照明线路接地故障

第5章

照明与家用电器安装

5.1 照明安装

5.1.1 开关插座安装

(1) 拉线开关安装

① 根据确定的位置，在墙上安装两个塑料胀管然后将导线从木（塑）台线孔穿出。

木台穿线

② 将木（塑）台固定在塑料胀管上。

多个拉线开关并装时，应使用长方形木台，拉线开关相邻间距不应小于 20mm。

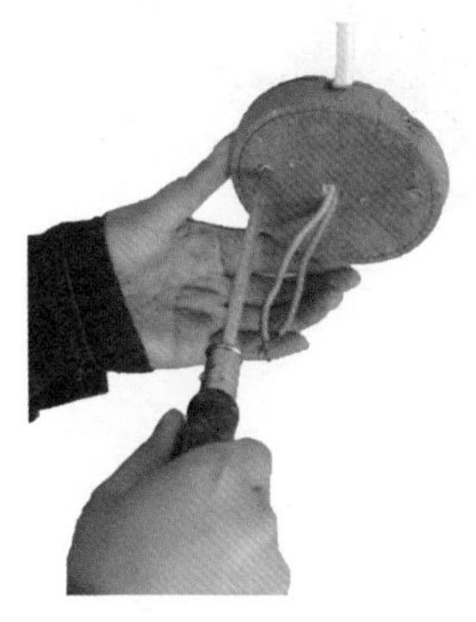

固定木台

1 2
3 4

③ 拧下拉线开关盖，把两个线头分别穿入开关底座的两个穿线孔内。

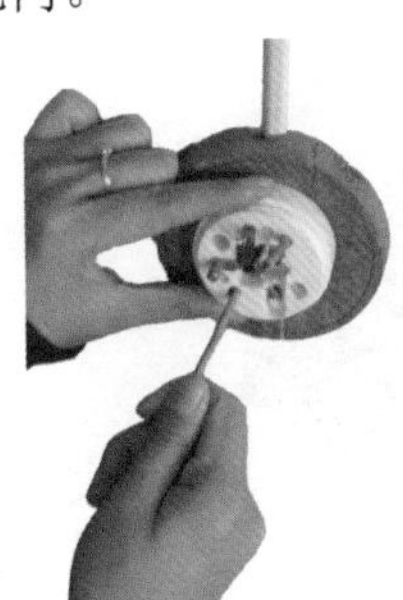

底座穿线

④ 用两枚直径≤ 20mm 木螺栓将开关底座固定在木（塑）台上。注意拉线口应垂直朝下不使拉线口发生摩擦，防止拉线磨损断裂。

底座固定

⑤ 把导线分别接到接线桩上。

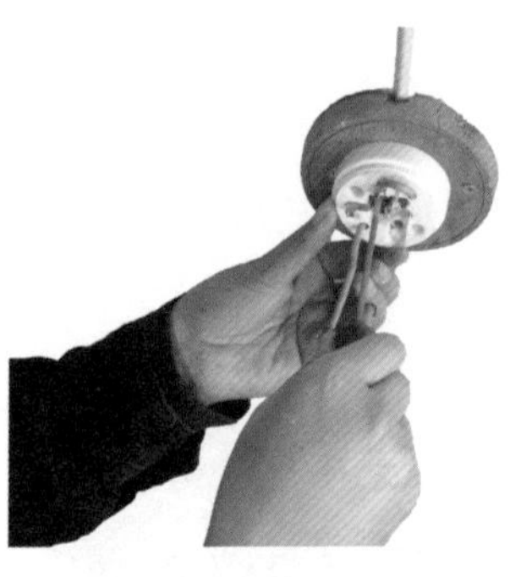

导线安装

⑥ 拧上开关盖。

安装在室外或室内潮湿场所的拉线开关，应使用瓷质防水拉线开关。

开关盖安装

1 2
3 4

(2) 跷把开关明装

① 根据要求在安装位置安装木榫或膨胀管，然后将导线穿过明装八角盒线孔。

穿线

② 用自攻螺钉将八角盒固定在木榫或膨胀管上，不能倾斜。

固定八角盒

③ 采用不断线连接时，开关接线后两开关之间的导线长度不应小于 150mm，且在线芯与接线桩上连接处不应损伤线芯。

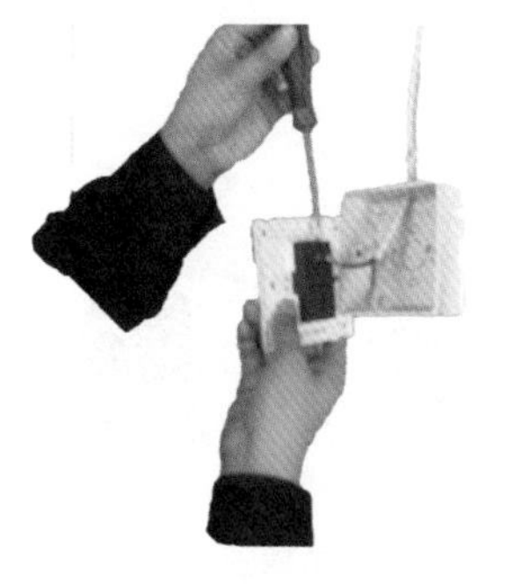

接线

④ 用螺丝刀将底板固定在八角盒螺孔上。

底板固定

1 2
3 4

⑤ 跷把开关无论是明装还是暗装，均不允许横装，即不允许把手柄处于左右活动位置，因为这样安装容易因衣物勾拉而发生开关误动作。

安装面板

（3）插座暗装

① 将导线安装在接线桩上，注意面对插座，单相双孔插座应水平排列，右孔接相线，左孔接中性线；单相三孔插座，上孔接保护地线（PEN），右孔接相线，左孔接中性线；三相四孔插座，保护接地（PEN）应在正上方，下孔从左侧分别接在 L1、L2、L3 相线。同样用途的三相插座，相序应排列一致。

导线安装

② 将底板固定在八角盒上。

底板安装

③ 将面板扣在底座上。

开关周围抹灰处应尺寸正确、阳角方正、边缘整齐、光滑。墙面裱糊工程在开关盒处应交接紧密、无缝隙。

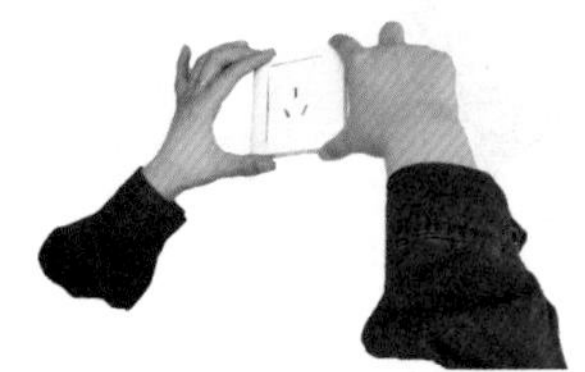

面板安装

1 2
3 4

④ 饰面板（砖）镶贴时，开关盒处应用整砖套割吻合，不准用非整砖拼凑镶贴。

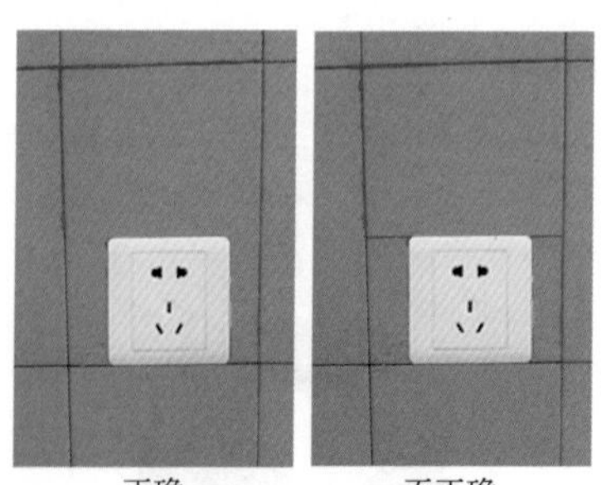

开关镶贴方法

（4）插座明装

① 将一块厚度合适的木板安装在预定位置，以固定底板。

自制木台安装

②右孔接相线，左孔接中性线。

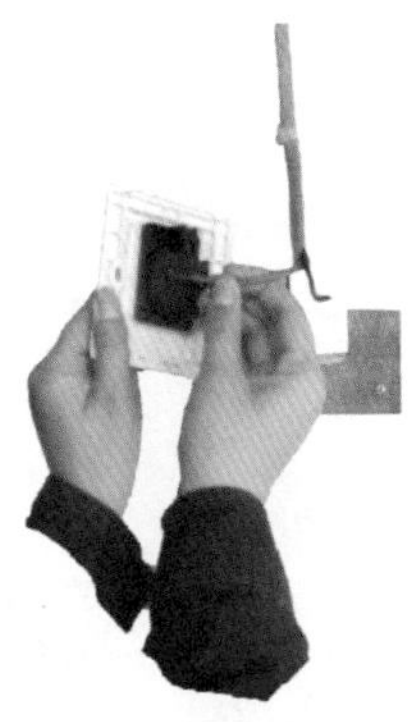

接线

③ 底板的安装不应倾斜，固定牢固。

底板安装

④ 安装面板，可使用一字螺丝刀辅助安装。

面板安装

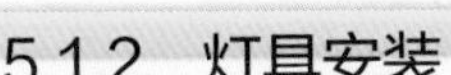

5.1.2　灯具安装

（1）软线吊灯安装

① 截取所需长度（一般为2m）的软线，两端剥出线芯拧紧（或制成羊眼圈状）挂锡。把软线分别穿过灯座和吊线盒盖的孔洞，然后打好保险扣。

结扣

② 将软线的一端与灯座的两个接线桩分别连接。

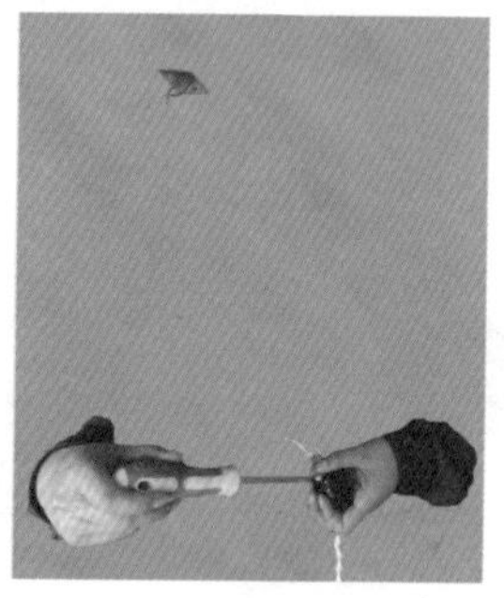

灯座接线

③ 拧好灯座螺口及中心触点的固定螺栓，防止松动，最后将灯座盖拧好。

底座盖安装

1 2
3 4

④ 把导线由木台穿线孔穿入吊线盒内，与吊线盒的临近隔脊的两个接线桩分别连接。将吊线盒底与木（塑料）台固定牢。

固定吊线盒底座

⑤ 注意把零线接在与灯座螺口触点相连接的接线桩上。

吊线盒导线连接

⑥ 导线接好后吊线盒盖拧上。

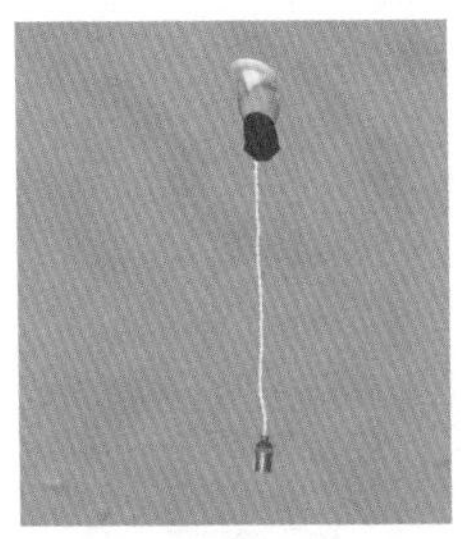

拧上盒盖

（2）吊杆灯明装

① 根据安装位置安装膨胀管，将导线一端穿入吊上法兰，另一端由下法兰管口穿出。

穿线

②将上法兰用自攻螺钉固定在膨胀管上。

固定吊杆

③ 注意把零线接在与灯座螺口触点相连接的线桩上。

接线

④ 用螺栓将灯座固定在下法兰上。

固定灯座

⑤ 先将护罩穿过灯座，然后再将螺帽拧法兰螺纹上。

暗装时应将灯具组装，一起固定在八角盒上。

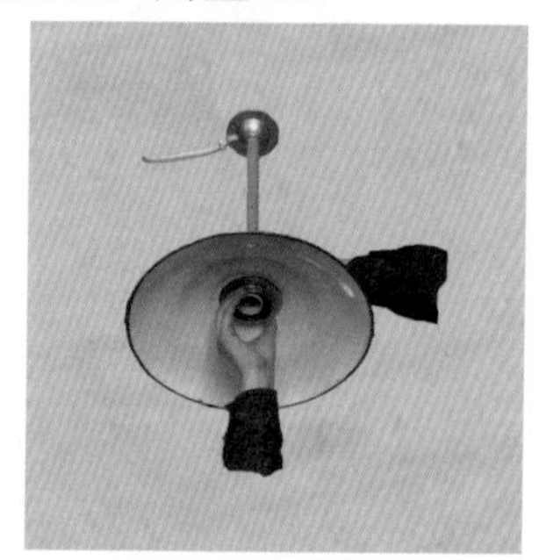

安装护罩

1 2
3 4

(3)简易吊链式荧光灯安装

① 把两个吊线盒分别与膨胀管或木台固定。

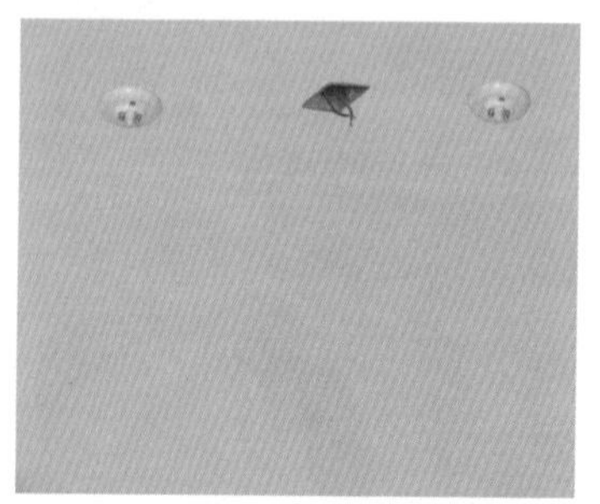

安装吊线盒底座

② 将U形铁丝穿过吊环，并与吊链安装为一体。

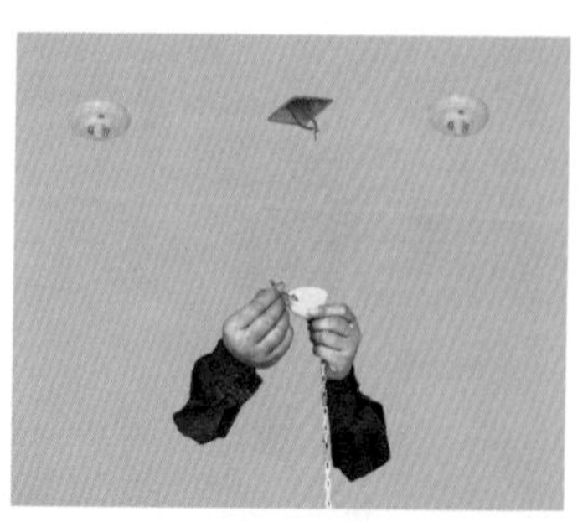

吊链组装

③ 将吊线盒盖连同吊链一起安装在底座上。

安装吊链

④ 同样用U形铁丝将灯箱安装吊链上。

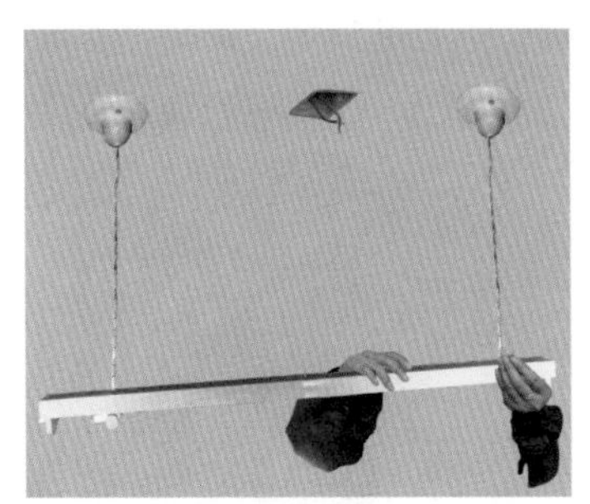

安装灯箱

1 2
3 4

⑤ 将导线按软线吊灯方法与八角盒内导线连接，下端与灯箱内导线连接。

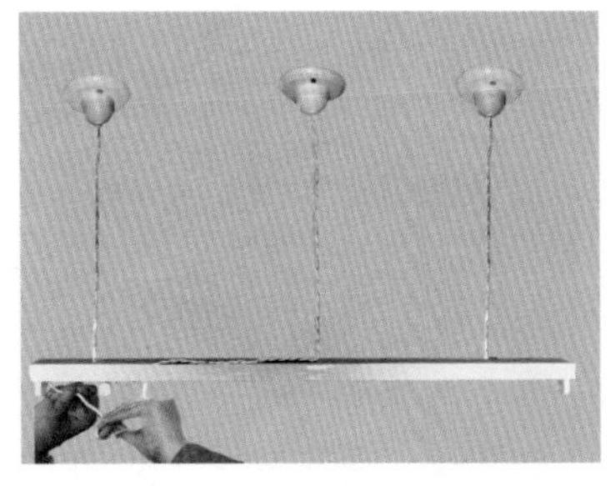

连接导线

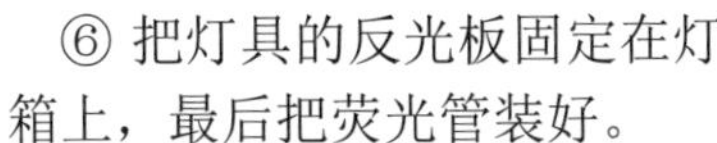

⑥ 把灯具的反光板固定在灯箱上，最后把荧光管装好。

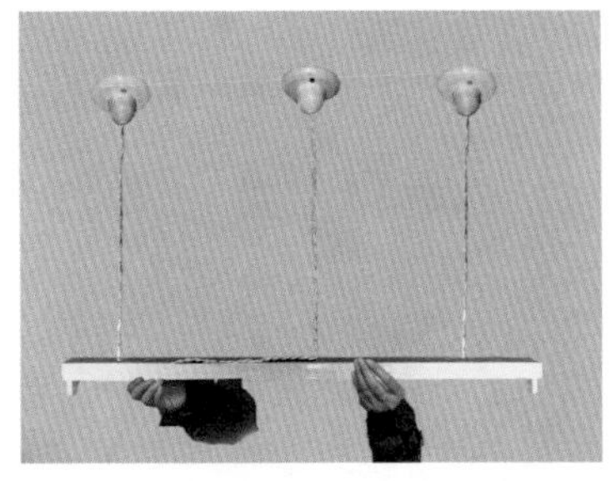

安装反光板

(4)防水吸顶灯的安装

① 根据安装位置，先安装木台或膨胀管，然后将导线由木台的出线孔穿出。

穿线

② 根据结构的不同，采用不同的方法安装，将灯具底板与木台进行固定。

安装底座

1 2
3 4

③ 底座固定好后，将导线与灯座连接好。

连接导线

④ 灯座安装在底座上。

安装灯座

⑤ 放好橡胶垫圈后，将灯罩固定在底座上。

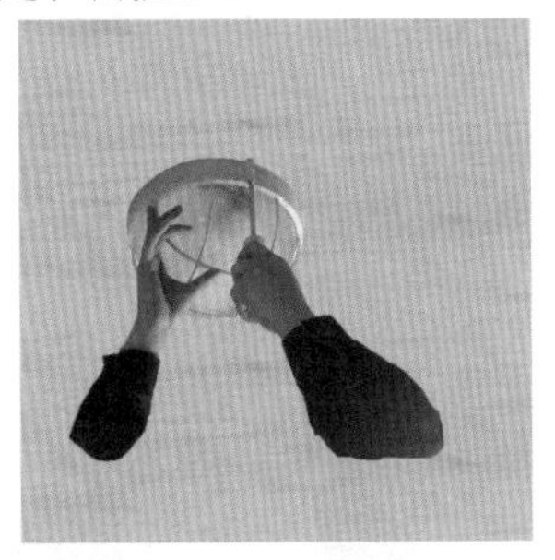

安装灯罩

（5）壁灯的安装

①先将底座和支架组装在一起。

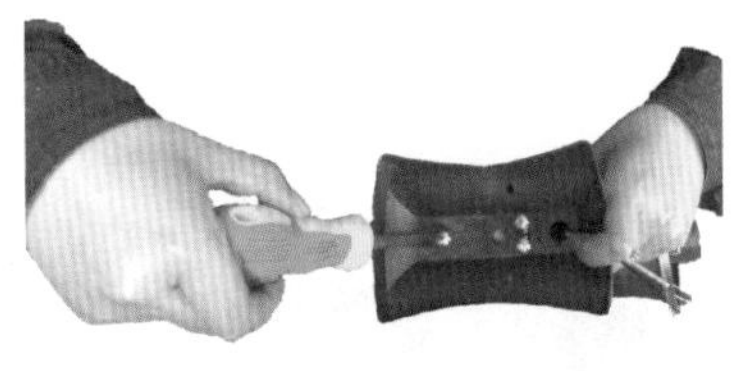

灯具组装

1 2
3 4

② 将固定板安装在八角盒上。

固定板安装

③ 将固定螺栓穿过固定板孔。

底座螺栓安装

④ 将灯位盒内与电源线相连接，将接头处理好后塞入灯位盒内。

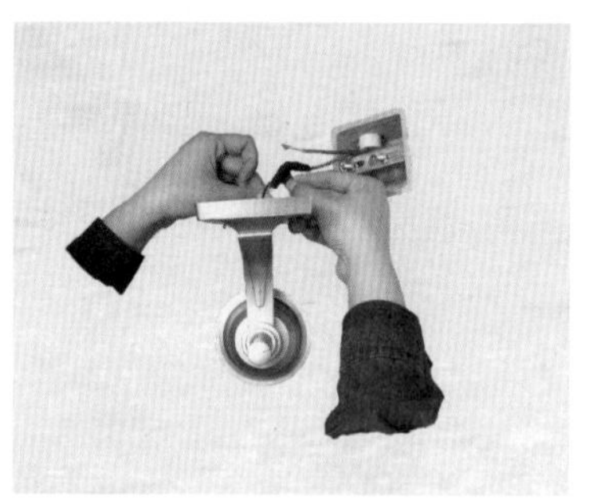

连接导线

⑤ 将灯具底座用螺栓固定八角盒内固定板上。

灯具安装

（6）荧光吸顶灯的安装

① 根据已敷设好的灯位盒位置和灯箱底板上安装孔位置用电钻在顶棚打孔，安装木榫或胀管，如果已有预埋件时，可利用预埋件固定灯箱。

安装木榫

② 将导线从进线孔拉出，如果可能应套上软塑料保护管保护导线，将电源线引入灯箱内。

穿引导线

③ 固定好灯箱，使其紧贴在建筑物表面上，并将灯箱调整顺直。

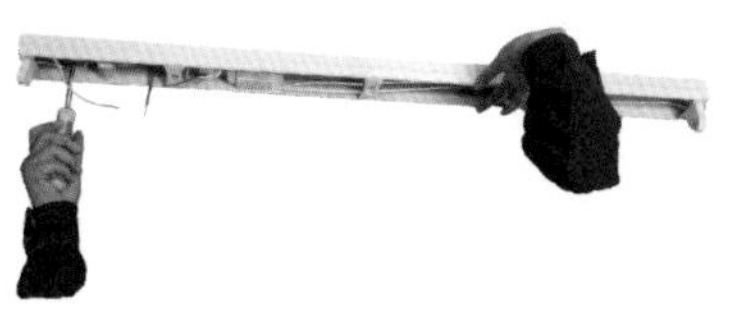

灯箱固定

④ 灯箱固定后，将电源线压入灯箱的端子板（或瓷接头）上，无端子板（或瓷接头）的灯箱，应把导线连接好。

导线连接

1 2
3 4

⑤ 把灯具的反光板固定在灯箱上，最后把荧光管装好。

安装反光板

（7）嵌入式LED灯具安装

① 用曲线锯挖孔，做成圆开口或方开口。

开孔

② 连接电源线与启动器。

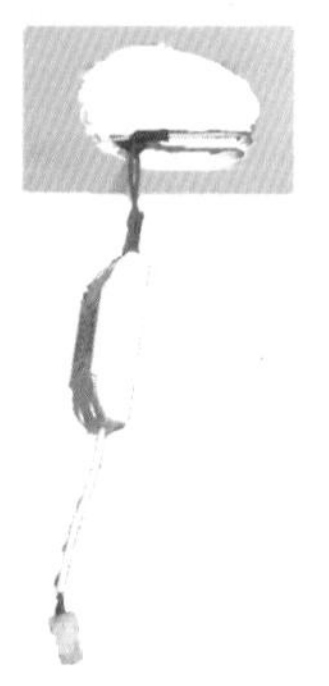

接线

③ 连接启动器与灯头。

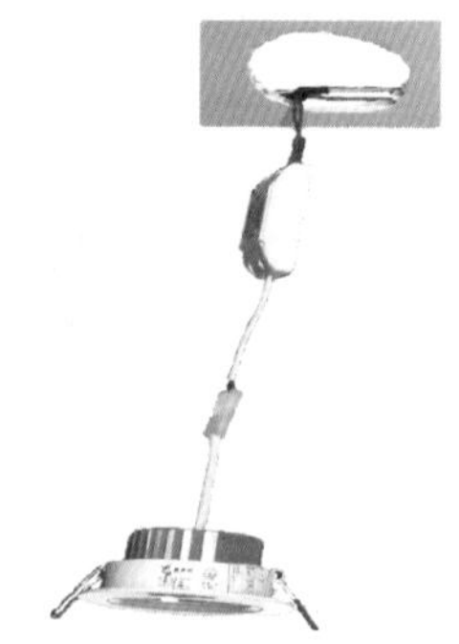

连接灯头

④ 扳起卡件将灯头送入安装孔中。

安装灯头

5.2 家电设备安装

5.2.1 吊扇的安装

（1）吊钩安装

吊扇安装前，应对预埋的吊钩进行检查，吊钩伸出建筑物的长度应以盖上吊扇吊杆护罩后，能将整个吊钩全部遮住为宜。

预埋

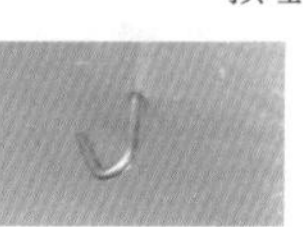

膨胀钩

吊钩的安装方法

（2）安装步骤

① 在下面先将风叶组装好，固定挂环。

组装

② 然后将吊扇托起，并用预埋的吊钩将吊扇的耳环挂牢，扇叶距地面的高度不应低于2.5m。

挂入吊钩

③ 按接线图接好电源接线头，并包扎紧密，向上托起吊杆上的护罩，将接线扣于其内。护罩应紧贴建筑物或木（塑）台，拧紧固定螺栓。

接线并扣好保护罩

5.2.2 浴霸的安装

（1）浴霸安装位置的确定

① 吊顶安装时，盥洗室做木质轻龙骨吊顶与屋顶的高度应略大于浴霸高度，且安装完毕，灯泡距离地面 2.1 ～ 2.3m。

② 站立淋浴时，先确定人在卫生间站立淋浴的位置，面向淋浴的喷头，人体背部的后上方就是浴霸的安装位置。

浴霸安装位置的确定

（2）吊顶安装浴霸方法

① 在安装木质轻龙骨时，在浴霸的安装位置安置木档，然后将浴霸通风管与通风窗连接。浴霸电源线经过暗装难燃管穿入接线盒内。

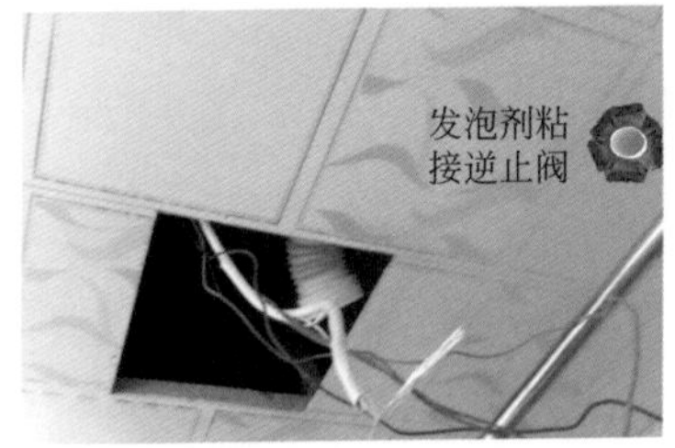

安装电线与排气管

② 注意开关的正确接线与浴霸的连接。

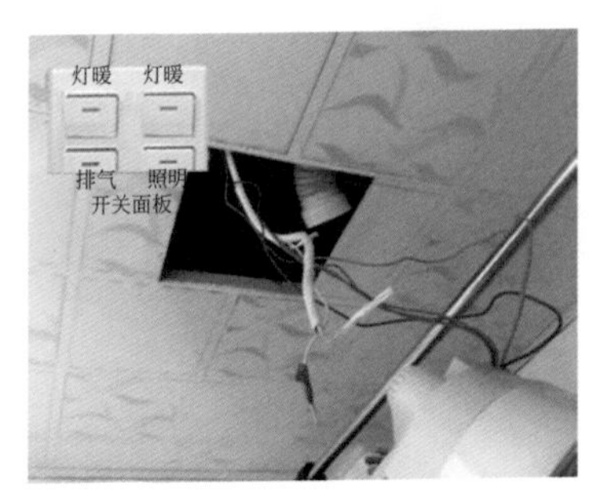

连接电线

1 2
3 4

③ 将排气管与浴霸连接好，并将浴霸推入预留孔内。

连接排气管

④ 用自攻螺钉将浴霸固定在PVC板上。

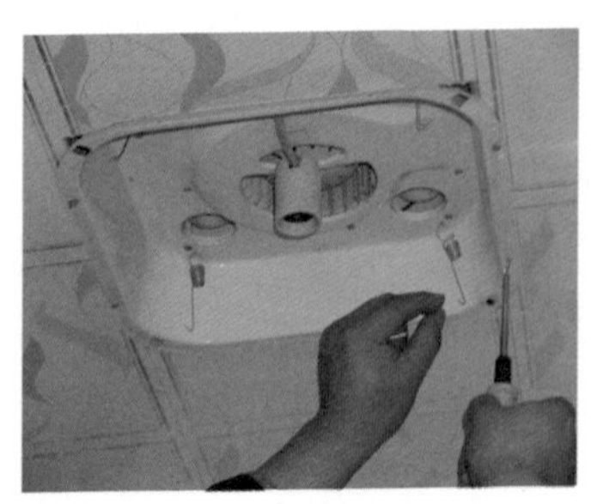

固定底板

⑤ 将面板插入螺栓，并拧装饰螺母。

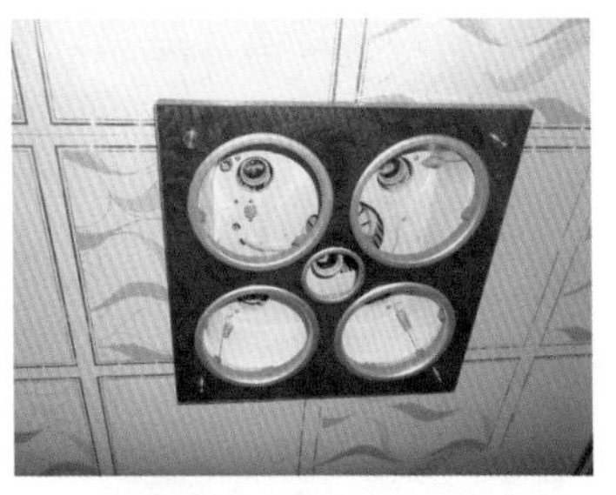

安装面板

⑥ 拧上灯泡，安装护罩。

安装灯泡与护罩

5.2.3 排气扇的安装

(1) 确定安装位置

在排气孔上安装排气扇，先将原木框上铁丝网拆除。

确定位置

(2) 外套固定

在胶合板上开一圆孔，将排气扇外套固定在圆孔上，将胶合板锯成与排气孔尺寸相同的形状。

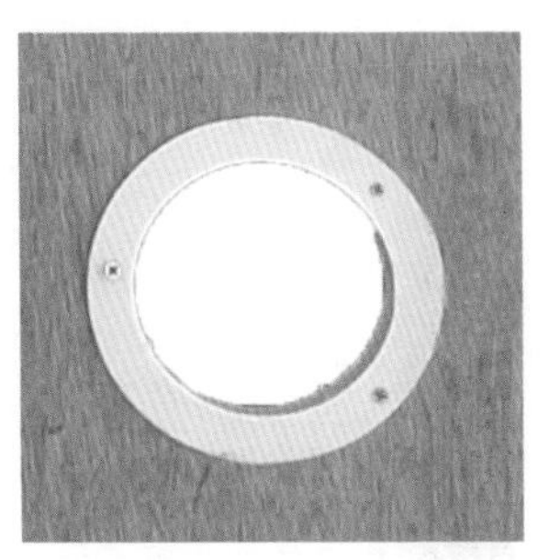

外套固定

（3）木板固定

将胶合板用木螺钉固定在木框上。

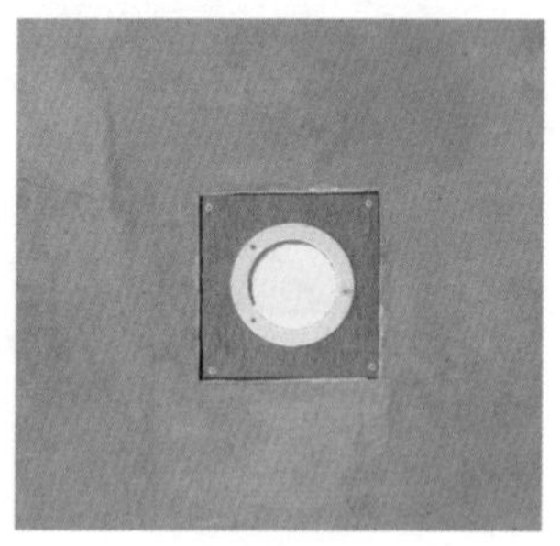

木板固定

（4）安装主体

将排气扇插入外套，插座的安装应距离排气扇外框150mm左右。

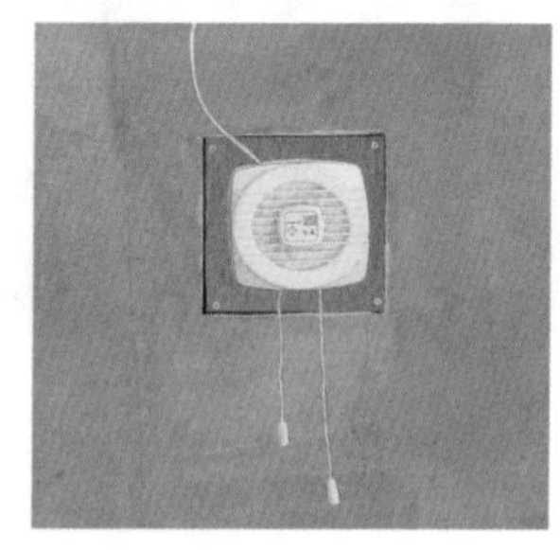

安装主体

1 2
3 4

5.2.4 对讲门铃的安装

（1）户内机安装

① 在门旁安装时穿线孔要加装保护管。

确定安装位置

② 明配线可以参照护套线配线方法进行，暗配线可以参照塑料管暗配线方法进行。

塑料胀管明装高度1.3～1.5m。

话机安装

(2)室外机安装

① 将底板安装在塑料膨胀管或木榫上。门口安装完毕后，要有防雨水措施。

底座安装

② 将户外主机扣在底板上。

主机安装

第6章

电气安全

6.1 防雷与接地

6.1.1 接地安装

(1) 挖接地体沟

根据设计要求标高，对接地装置的线路进行测量弹线。在弹线的线路上从自然地面往下挖出上底宽0.6m、下底宽0.4m、深0.9m的接地体沟。

挖接地体沟

(2) 接地体沟的要求

① 如线路附近有建（构）筑物，沟的中心线与建（构）筑物的基础外边缘距离不宜小于2m。

接地体与建筑物的距离

② 独立避雷针的接地装置与重复接地的接地装置之间距离不应小于3m。

接地装置与重复接地距离

（3）降低跨步电压的措施

① 防直击雷的人工接地装置距人行道或建筑物的出入口处的距离不应小于 3m。

② 当上述距离小于 3m 时，为降低跨步电压，水平接地体局部埋深不能小于 1m。

增加距离

③ 或采用埋设两条与水平接地体相连的“帽檐式”均压带。

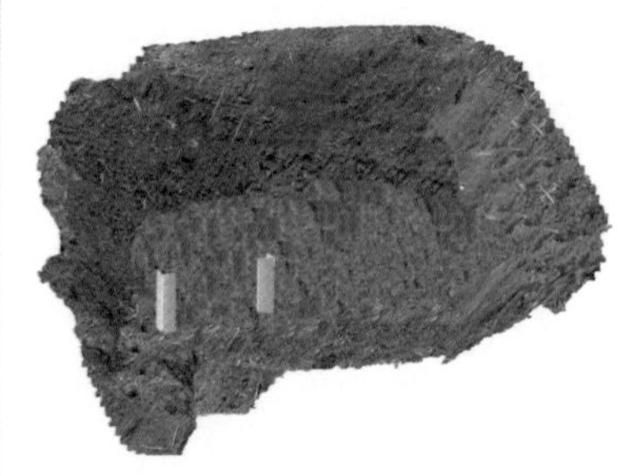

增加垂直接地体

1 2
3 4

（4）垂直人工接地体的安装

1）垂直人工接地体制作

① 截取长度不小于 2.5m 的数根（按设计要求）50×50×5 的角钢或 ϕ50 钢管。

② 将角（圆）钢被打入地下的一端加工成 120mm 尖头形状。

(a) 角钢　　(b) 钢管

人工接地制作

2）打入地下

将接地体放在挖好的接地沟的中心线上垂直打入地下，直到其顶部距地面不小于 0.6m 为止。

接地体安装方法

(5) 人工接地母线的敷设

① 接地母线一般采用—40×4mm 的镀锌扁钢用于连接垂直接地体。将调直好的扁钢依次在距垂直接地体顶端大于 50mm 处与接地体施行两侧电（气）焊搭接焊接法。

② 焊接时，可将扁钢弯成弧形（或三角形）也可将扁钢在焊接过程中弯成弧形（三角形）。

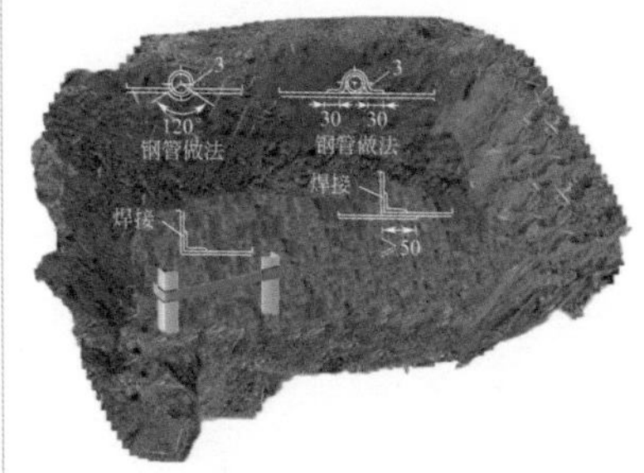

接地体与扁钢连接安装方法

(6) 接地干线保护套管的埋设

配合土建墙体及楼地面施工，在接地干线沿墙壁敷设所要穿过的墙体或楼板的设计要求的尺寸位置上埋保护套管或预留出接地干线保护套管的孔。

接地干线保护管安装方法

(7) 室内接地线安装

① 明敷设在室内墙体上的支持件应随土建施工预埋或使用膨胀螺栓。支持件间的距离，在水平直线部分宜为 0.5 ～ 1.5m，垂直部分宜为 1.5 ～ 3m，转弯部分宜为 0.3 ～ 0.5m。

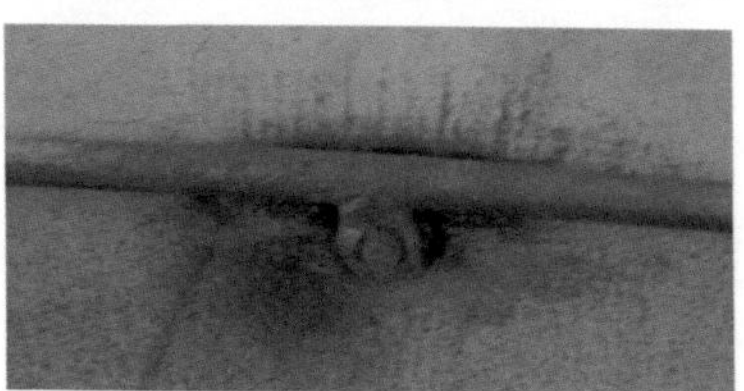

支持件的预埋

② 接地干线的连接进行焊接，末端预留或连接应符合设计规定。室内接地线应水平或垂直敷设，当建筑物表面为倾斜形状时，也应沿其表面平行敷设。接地干线距地面高度应为 250 ～ 300mm。距墙面间隙为 10 ～ 15mm。

接地干线敷设

1 2
3 4

③ 接地干线在过门时，可在门上明敷通过，也可在门下室内地面内暗敷设。

接地干线过门框做法

④ 接地干线在室内水平或垂直敷设，应在转角处需弯曲时弯曲 90°，弯曲半径不应小于扁（圆）钢宽度的 2 倍。

接地干线弯曲的做法

⑤ 室内接地干线与室外接地线的连接应使用螺栓连接，便于检测。套管管口处应用沥青丝麻或建筑物封膏堵死。

接地干线与室外接地线的连接

⑥ 由接地干线向需要接地的设备引接地支线时可将圆钢做成羊眼圈也可用扁钢连接。

接地线与电动机连接做法

⑦ 变压器工作接地与外壳接地可以共用一条接地线。

接地线与变压器连接做法

6.1.2　防雷引下线的安装

(1) 防雷引下线保护管敷设

明设引下线在断接卡子下部，应外套竹管、硬塑料管、角铁或开口钢管保护，保护管深入地下部分不应小于 300mm。

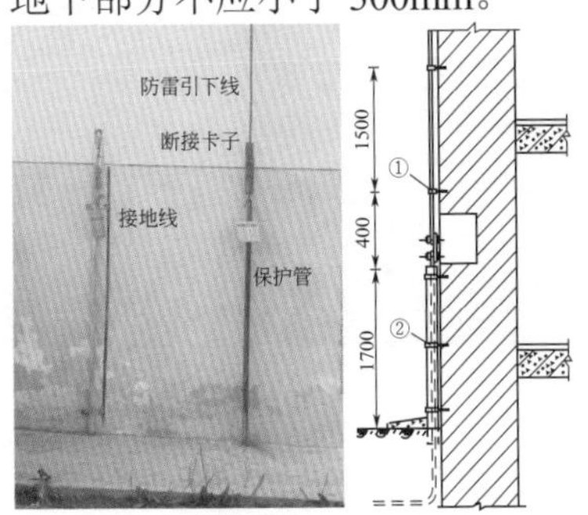

防雷装置引下线

（2）断接卡子的设置

为了检测接地电阻以及下线、接地线的连接质量，应在1.5～1.8m处，设置40×4的镀锌扁（圆）钢制作断接卡子。

断接卡子设置

（3）明设引下线敷设

1）明设引下线支持卡子预埋方法

① 当引下线位置确定后，明装引下线应随着建筑物主体施工预埋支持卡子，然后向上每隔1.5～2m处埋设一个卡子。

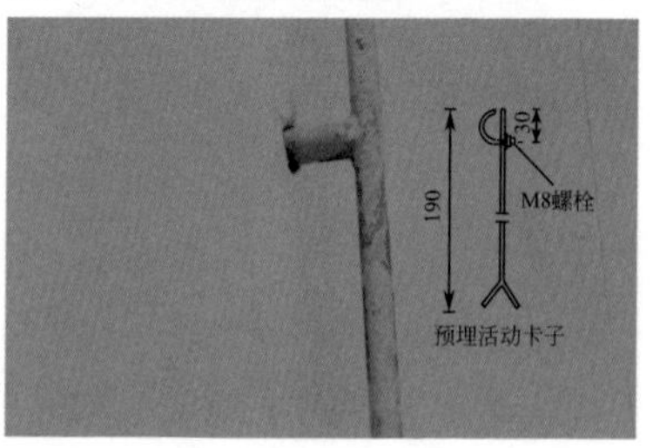

预埋直钢筋卡子

② 支持卡子应突出建筑外墙装饰面15mm以上，露出长度应一致。

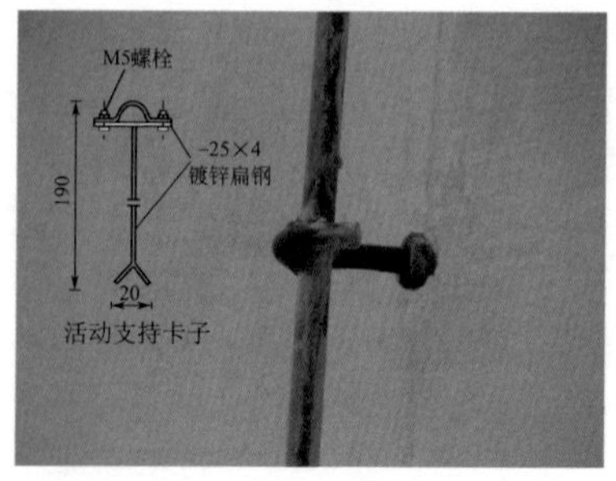

预埋弯钢筋卡子

2）引下线明敷设方法

① 建筑物外墙装饰工程完成后，将调直的引下线材料运到安装地点，用绳子提拉到建筑物的最高点，由上而下逐点使其与埋设在墙体内的支持卡子进行卡固再焊接固定，直至断接卡子为止。

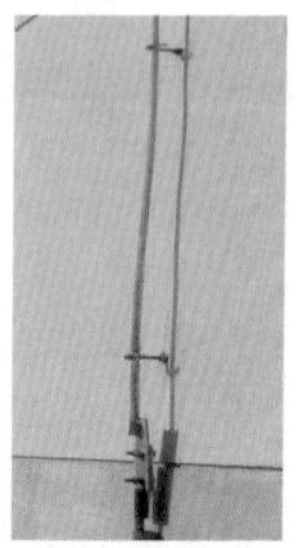

防雷装置引下线做法

② 引下线路径尽可能短而直。当通过屋面挑檐板等处，在不能直线引下而拐弯时，不应构成锐角转折，应做成曲径较大的慢弯，弯曲部分线段的总长度，应小于拐弯开口处距离的 10 倍。

引下线过屋檐做法

6.1.3 建筑物防雷装置安装

（1）避雷针在平屋顶上安装

① 避雷针在屋面上安装，应先土建专业浇灌好混凝土支座，并预留好最少有 2 根与屋面、墙体或梁内钢筋焊接地脚螺栓。

② 安装时，先组装避雷针，焊上一块肋板，再立起避雷针，校正后焊上其他三块肋板。

避雷针屋面安装

（2）避雷带（网）支座、支架明装

1）屋面预制混凝土支座安装

当屋面防水工程结束后，将混凝土支座分档摆好，在直线段两端支座间拉通线，确定好中间支座位置，摆放支座距离为 1 ～ 1.5m，在转弯处距离转弯中点 0.25 ～ 0.5m，支座间距应相等。

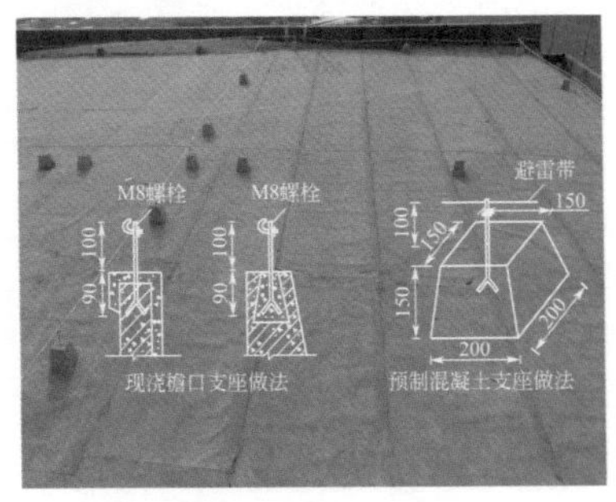

建筑物屋顶防雷装置做法

2）女儿墙支架安装

避雷带（网）沿女儿墙安装时，应使用预埋支架固定。当条件受限制时，可以使用膨胀螺栓支架，其转弯处支架应距转弯中点 0.25 ～ 0.5m，直线段支架水平间距为 1 ～ 1.5m，垂直间距为 1.5 ～ 2m，且支架间距应平均分布。

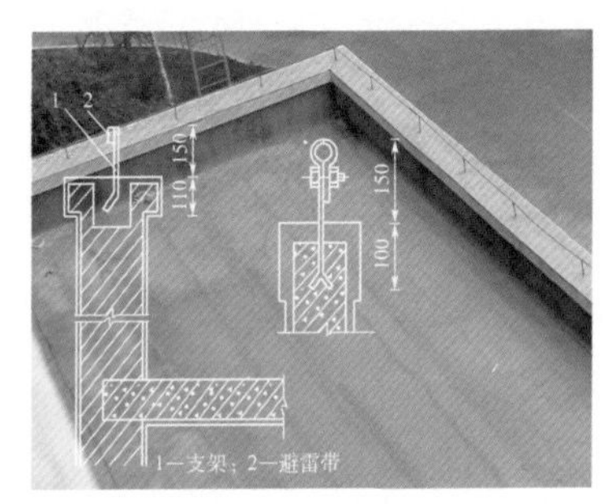

支架在女儿墙安装

6.1.4　架空线路的防雷

（1）电杆的防雷

1）在三角形顶线装设避雷针

由于 3 ～ 10kV 线路通常是中性点不接地的，因此，如在三角形排列的顶线绝缘子上装以避雷针，在雷击时，避雷针对地泄放雷电流，从而保护了导线。

顶线装设避雷器

2）装设氧化锌避雷器

用来保护线路上个别绝缘最薄弱的部分，包括个别特别高的杆塔、带拉线的杆塔、木杆线路中的个别金属杆塔或个别铁横担电杆以及线路的交叉跨越处等。

装设氧化锌避雷器

（2）设备的保护

在高压侧装设氧化锌避雷器主要用来保护断路器和跌落式熔断器，以免高电位沿高压线路侵袭高压设备。

设备的保护

（3）变压器的保护

要求避雷器或保护间隙应尽量靠近变压器安装，其接地线应与变压器低压中性点及金属外壳连在一起接地。如果进线是具有一段电缆的架空线路，则阀型或排气式避雷器应装在架空线路终端的电缆终端头处。

设备的保护

1 2
3 4

6.2 安全用电常识

6.2.1 用电注意事项

（1）不可用铁丝或铜丝代替熔丝

由于铁（铜）丝的熔点比熔丝高，当线路发生短路或超载时，铁（铜）丝不能熔断，失去对线路的保护作用。

不能铜丝代替熔丝

（2）不要移动正处于工作状态的家电

洗衣机、电视机、电冰箱等家用电器，应在切断电源、拔掉插头的条件下搬动。

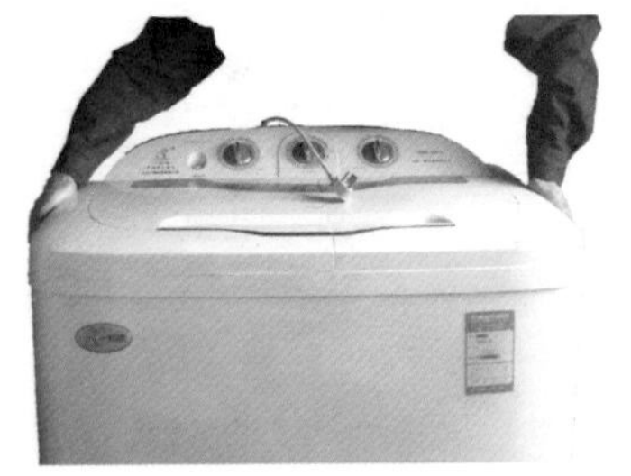

拔掉插头搬家电

（3）接触家电手应干燥

平时应注意防止导线和电气设备受潮，不要用湿手摸灯泡、开关、插座以及其他家用电器的金属外壳，更不能用湿抹布去擦拭。

用干抹布擦灯泡

（4）晒衣服的铁丝不要靠近电线

晒衣服的铁丝不要靠近电线，以防铁丝与电线相碰。更不要在电线上晒衣服、挂东西。

电线附近晒衣服

（5）换灯泡应站在绝缘物上

更换灯泡时要切断电源，然后站在干燥木凳上进行。

站在木凳上换灯泡

(6)正确使用绝缘带

发现导线的金属外露时，应及时用带黏性的绝缘黑胶布加以包扎，但不可用医用自胶布代替电工用绝缘黑胶布。

严禁用医用胶布代替绝缘胶带

(7)插座接线正确

电源插座不允许安装得过低和安装在潮湿的地方，插座必须按“左零右火”接通电源。

插座左火是错误的

1 2
3 4

(8)开关控制相线

照明等控制开关应接在相线(火线)上，而且灯座螺口必须接零线。严禁使用“一线一地”(即采用一根相线和大地做零线)的方法安装电灯、杀虫灯等，防止有人拔出零线造成触电。

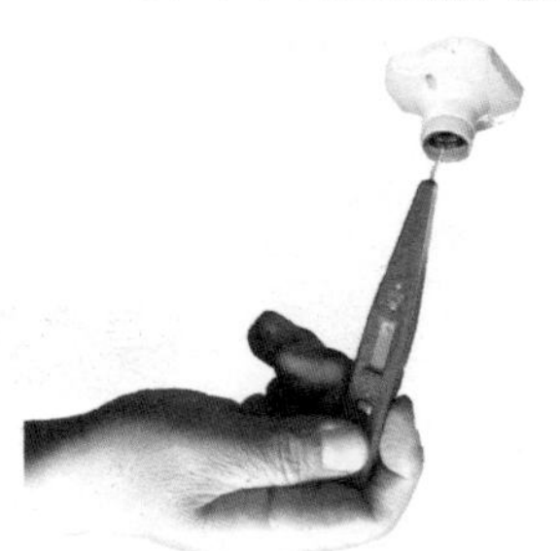

灯座螺口接零

6.2.2 常见触电形式

(1)单相触电

变压器低压侧中性点直接接地系统，电流从一根相线经过电气设备、人体再经大地流回到中性点，这时加在人体的电压是相电压。其危险程度取决于人体与地面的接触电阻。

变压器低压侧中性点直接接地单相触电示意图

（2）两相触电

电流从一根相线经过人体流至另一根相线，在电流回路中只有人体电阻。在这种情况下，触电者即使穿上绝缘鞋或站在绝缘台上也起不了保护作用，所以两相触电是很危险的。

两相触电示意图

1 2
3 4

（3）跨步电压触电

如输电线断线，则电流经过接地体向大地作半环形流散，并在接地点周围地面产生一个相当大的电场，电场强度随离断线点距离的增加而减小。

距断线点 1m 范围内，约有 60% 的电压降；距断线点 2 ～ 10m 范围内，约有 24% 的电压降；距断线点 11 ～ 20m 范围内，约有 8% 的电压降。

跨步电压触电示意图

（4）雷电触电

雷电是自然界的一种放电现象，在本质上与一般电容器的放电现象相同，所不同的是作为雷电放电的两个极板大多是两块雷云，同时雷云之间的距离要比一般电容器极板间的距离大得多，通常可达数公里。因此可以说是一种特殊的“电容器”放电现象。除多数放电在雷云之间发生外，也有一小部分的放电发生在雷云和大地之间，即所谓落地雷。就雷电对设备和人身的危害来说，主要危险来自落地雷。

落地雷具有很大的破坏性，其电压可高达数百万到数千万伏，雷电流可高至几十千安，少数可高达数百千安。雷电的放电时间较短，大约只有 50 ～ 100μs。雷电具有电流大、时间短、频率高、电压高的特点。

雷电触电示意图

1 2
3 4

6.2.3 脱离电源的方法和措施

（1）触电者触及低压带电设备

① 救护人员应设法迅速脱离电源，如拉开电源开关或刀开关。

拉开刀开关

② 拔除电源插头或使用干燥的绝缘工具、干燥的木棒、木板等不导电材料解脱触电者。

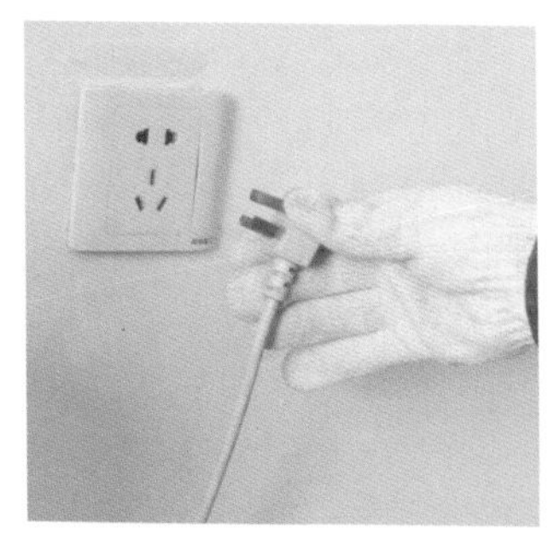

拔除电源插头

③ 救护人站在绝缘垫上或干木板上，抓住触电者干燥而不贴身的衣服，将其拖开。

站在木板上拉开触电者示意图

（2）触电发生在架空杆塔上

① 如是低压带电线路，若可能立即切断线路电源的，应迅速切断电源，或由救护人员迅速登杆，用绝缘钳、干燥不导电物体将触电者拉离电源。

用木棒挑开电源示意图

② 如是高压带电线路又不可能迅速切断电源开关的，可采用抛挂临时金属短路线的方法，使电源开关跳闸。

找到断点抛挂短路线

6.3 触电救护方法

6.3.1 口对口（鼻）人工呼吸法步骤

（1）取出异物

触电者呼吸停止，重要的是确保气道通畅，如发现伤员口内有异物，可将其身体及头部同时偏转，并迅速用手指从口角处插入取出。

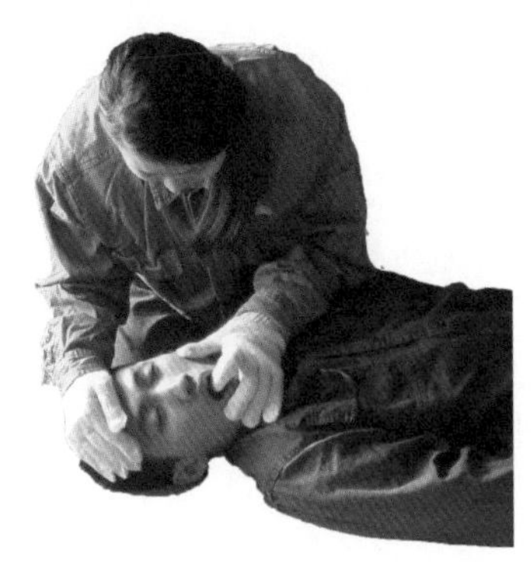

取出异物

1 2
3 4

（2）通畅气道

可采用仰头抬颏法，严禁用枕头或其他物品垫在伤员头下。

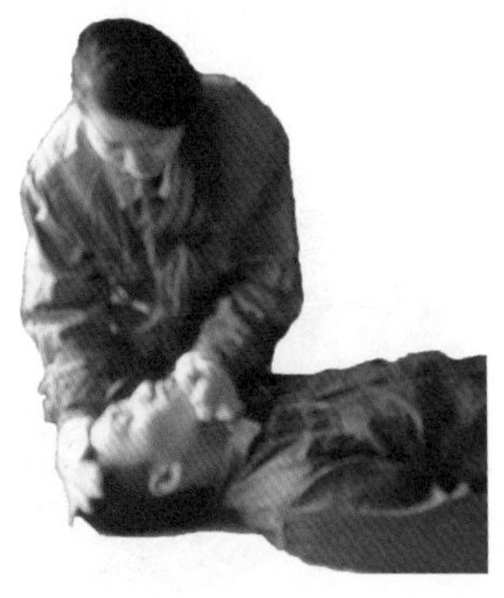

畅通气道

（3）捏鼻掰嘴

救护人用一只手捏紧触电人的鼻孔(不要漏气)，另一只手将触电人的下颏拉向前方，使嘴张开(嘴上可盖一块纱布或薄布)。

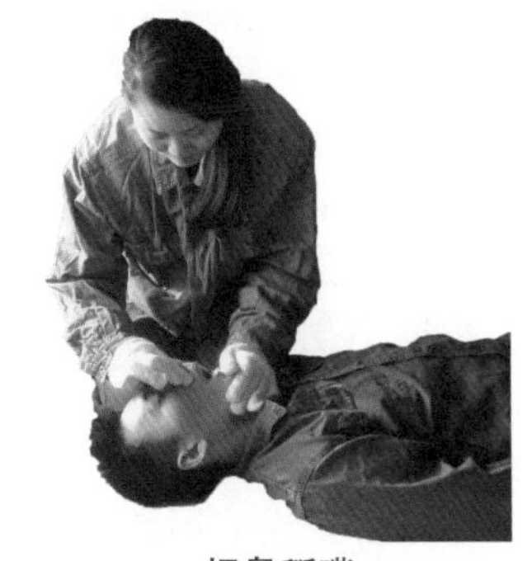

捏鼻掰嘴

(4)贴紧吹气

救护人做深呼吸后，紧贴触电人的嘴(不要漏气)吹气，先连续大口吹气两次，每次1～1.5s；如两次吸气后试测颈动脉仍无搏动，可判定心跳已经停止，要立即同时进行胸外按压。

贴紧吹气

1 2
3 4

(5)放松换气

救护人吹气完毕准备换气时，应立即离开触电人的嘴，并放松捏紧的鼻孔；除开始大口吹气两次外，正常口对(鼻)呼吸的吹气量不需过大，以免引起胃膨胀；吹气和放松时要注意伤员胸部应有起伏的呼吸动作。吹气时如有较大阻力，可能是头部后仰不够，应及时纠正。

按以上步骤连续不断地进行操作，每分钟约吹气12次，即每5s吹一次气，吹气约2s，呼气约3s，如果触电人的牙关紧闭，不易撬开,可捏紧鼻,向鼻孔吹气。

放松换气

6.3.2 胸外心脏按压法步骤

（1）找准正确压点

① 右手的中指沿触电者的右侧肋弓下缘向上，找到肋骨和胸骨接合处的中点。

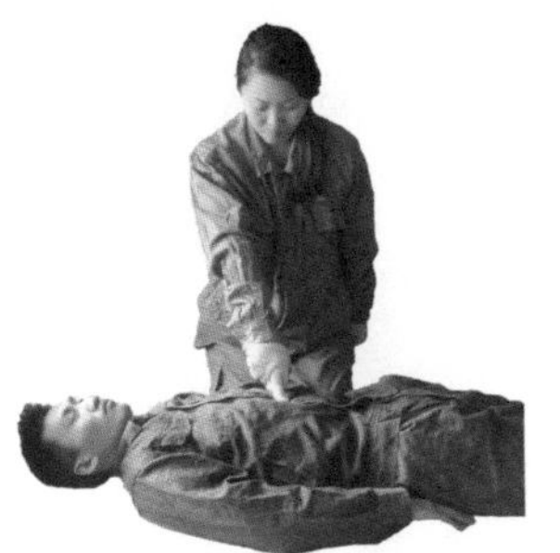

步骤1

1 2
3 4

② 两手指并齐，中指放在切迹中点(剑突底部)食指平放在胸骨下部。

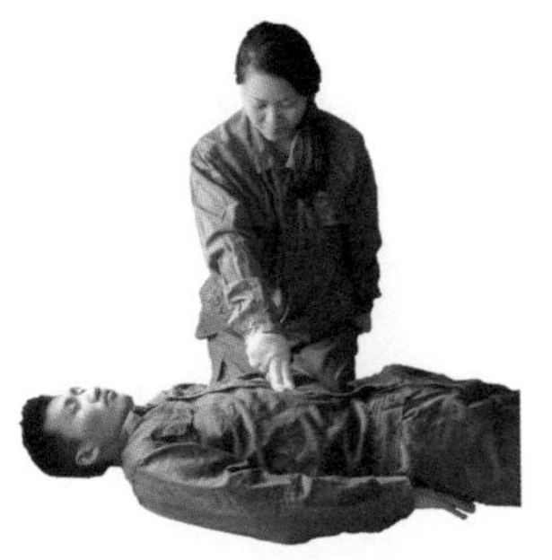

步骤2

③ 另一只手的掌根紧挨食指上缘置于胸骨上，即为正确的按压位置)。

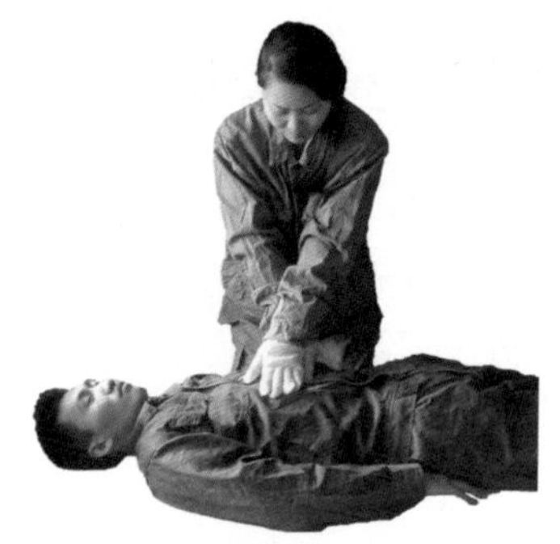
步骤3

1 2
3 4

（2）正确的按压姿势

① 以髋关节为支点，利用上身的重量，垂直将正常成人胸骨压陷 3 ～ 5cm(儿童及瘦弱者酌减)。

② 按压至要求程度后，立即全部放松，但放松时救护人的掌根不得离开胸壁。

③ 其标志是按压过程中可以触及到颈动脉搏动为有效。

④ 胸外按压应以均匀速度进行，每分钟 80 次左右，每次按压与放松时间相等。

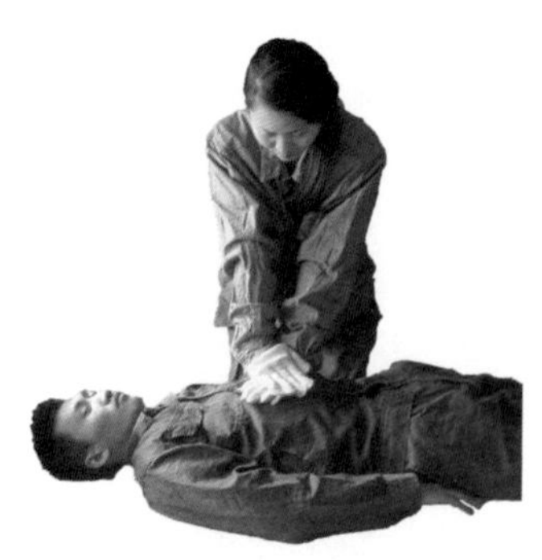
胸部按压法示意图

化学工业出版社电气类图书推荐

书号	书 名	开本	装订	定价/元
06669	电气图形符号文字符号便查手册	大32	平装	45
15249	实用电工技术问答（第二版）	大32	平装	49
10561	常用电机绕组检修手册	16	平装	98
10565	实用电工电子查算手册	大32	平装	59
07881	低压电气控制电路图册	大32	平装	29
12759	电机绕组接线图册（第二版）	横16	平装	68
20024	电机绕组布线接线彩色图册（第二版）	大32	平装	68
13422	电机绕组图的绘制与识读	16	平装	38
15058	看图学电动机维修	大32	平装	28
12806	工厂电气控制电路实例详解（第二版）	16	平装	38
09682	发电厂及变电站的二次回路与故障分析	B5	平装	29
05400	电力系统远动原理及应用	B5	平装	29
20628	电气设备故障诊断与维修手册	16	精装	88
08596	实用小型发电设备的使用与维修	大32	平装	29
10785	怎样查找和处理电气故障	大32	平装	28
11271	住宅装修电气安装要诀	大32	平装	29
11575	智能建筑综合布线设计及应用	16	平装	39
12034	实用电工电子控制电路图集	16	精装	148

续表

书号	书 名	开本	装订	定价/元
12759	电力电缆头制作与故障测寻（第二版）	大32	平装	29.8
13862	电力电缆选型与敷设（第二版）	大32	平装	29
09381	电焊机维修技术	16	平装	38
14184	手把手教你修电焊机	16	平装	39.8
13555	电机检修速查手册（第二版）	B5	平装	88
19705	高压电工上岗应试读本	大32	平装	49
22417	低压电工上岗应试读本	大32	平装	49
12313	电厂实用技术读本系列——汽轮机运行及事故处理	16	平装	58
13552	电厂实用技术读本系列——电气运行及事故处理	16	平装	58
13781	电厂实用技术读本系列——化学运行及事故处理	16	平装	58
14428	电厂实用技术读本系列—热工仪表与及自动控制系统	16	平装	48
23556	怎样看懂电气图	16	平装	39
23123	电气二次回路识图（第二版）	B5	平装	48
14725	电气设备倒闸操作与事故处理700问	大32	平装	48
15374	柴油发电机组实用技术技能	16开	平装	78
15431	中小型变压器使用与维护手册	B5	精装	88
23469	电工控制电路图集（精华本）	16	平装	88